WAC BUNKO

プロジェクトゼロ戦

ト公人
野正洋

WAC

プロローグ

一九三〇年（昭和五年）生まれの私にとって、零戦の原体験は戦中になる。読む本もなく東京天文台発行の『理科年表』を何度となく読み返していた科学少年の私にとって、零戦はつきない興味をもたらす存在だった。小学生だった昭和十五年頃には「日本海軍には零戦という戦闘機があって、すごいらしいぞ」という噂をすでに耳にしていた。いくら軍事機密といっても、噂は早いものだ。

その後関係者から話をたくさん聞き、航空雑誌に載った写真も繰り返し眺めた。実物を見るために、飛行場にも何度となくでかけた。だが悲しいかな、昭和十九年になると、我々の頭上で空中戦を行ない、撃墜されて落ちてくる姿を目にするようになった。アメリカの飛行機も同じように落ち、みんなで墜落地点近くまで見に行ったりした。

戦争が終わった後、紫電改の生産根拠地である川西航空機の鳴尾飛行場へ何度か足を運んだ。飛行場の片隅には、ブルドーザーで潰された零戦や雷電、紫電改など、とにかくさまざまな戦闘機が山のように積み上げられており、ドライバーとペンチを持っていっては、たくさんの部品を取ってきた。これは私だけでなく、友達も「所沢でやった」とか「伊丹空港でやった」とか、集めた部品を見せあって自慢したものだ。

むろん、見つかったら大変である。その頃にはもう日本の憲兵はいなかったが、もしアメリカのMPに見つかったら死刑かもしれないと、半分びくびくしながらの収穫である。とにかく大冒険だった。

それから五〇年経ったいまでも、零戦のことを考え続けている。文献が出れば買い、関係者に会って話も聞く。海外旅行へ行ってジャングルに落ちている零戦を見れば、そこにしばしたたずんだり、朽ち果てた操縦席に座ってみたり。追体験と言うのか、もう一回自分で体験してみて、何かが湧き上がってくるのを待つのである。これは、オタクかマニアの気持ちだろう。

零戦とは何だったのだろうか。

実は、五〇年経ったいまも、まだ結論を出していない。結論を出すと、零戦と私の縁が終わるという気がする。それは寂しい。そこで、いつまでも考え続けている。

零戦について結論めいたことを出す気は、いまもない。見方や切り口によって、ああも言えるしこうも言えるというのが、零戦である。

しかし、この考え方は、日本経済や世界経済にも応用が利く。むしろ、ああも言えばこうも言えると考える姿勢がなければ、経済はだめになるに違いない。もっともっと幅広く考えることが、いまの私たちには必要である。

この本では、五〇年来の想い人『零戦』について、さまざまな角度からの考察を試みたいと思っている。ともに考察の道を歩いて下さるのは、現代史および軍事について多数のすばらしい著書がある三野正洋氏である。空気力学の専門家でもある氏は、戦力や戦況を数値的に表されるなど、興味深いアプローチをされている。必ずやおもしろい内容となるだろうし、一つのテーマについて「ああも言える」「こうも言える」と考えることの有用性を、読者諸氏に知っていただく機会になるだろう。

日下　公人

プロジェクト ゼロ戦◉目次

装幀／加藤俊二（プラス・アルファ）
カバー・本文作図／田村紀雄
写真提供／光人社・吉田一・野原茂

第1章　ゼロ・ファイターの登場

中国の上空を飛ぶ零式戦闘機１１型

三野　戦闘機のアインシュタイン

　太平洋戦争はその前後も含めて日本にとって厳しい時代であった。しかしその時代にあって、一時期ではあるが華々しく活躍し、日本人のみならず当時敵対していた欧米先進国に強い印象を残した戦闘機がある。これが零式艦上戦闘機、いわゆる零戦*である。この戦闘機が活躍したのはわずか五年間であったが、同時期の他の戦闘機の多くが忘れ去られたいまもなお、『零戦』、『ゼロ・ファイター』の名は人々の話題にのぼり続けている。

　オックスフォード大辞典には、「ZERO」、つまり零戦の項目がある。零戦はすごい、すごいと日本側が吹聴したにせよ、イギリス人にインパクトを与えた事実がなければ、もっとも権威のある大辞典に「ZERO」という単語が載ることはまずなかったのではないだろうか。

　日下さんは以前ある著書で零戦について述べられた際、設計者である堀越二郎*を高く評価し、「個人の能力を大切にしなければいけない」と述べられている。この意見に、私は強く共感している。そこで僭越かと思うが、日下さんにある提案を行ないたい。

　零戦をひとつの契機として技術やその周辺について議論を重ねたいと思うのだが、いかがだろうか。たとえば、個人の能力を最大に発揮できる環境とはどのようなものか、あるいは、零戦から見える日本の技術開発の特徴とは何か。最終的には、戦争とは何なのかという課題にまで、議論を進めていきたいと思っている。

零戦は明治維新からなだらかに発展してきた日本の科学技術の、一つだけ突出した山のようなものだったと思う。

零戦がいまだに語り継がれるのも、それが他に比べるもののない高い山だからではないだろうか。これ以外の日本軍の兵器で世界の最先端といえるものはほかに何にもないのではないか、という気がしてならない。零戦があまりにもすごい存在だったため、次の山はもうないのである。例えば物理学者だったらニュートンかアインシュタインなのであって、それを超える後継者がいるかといったら、それは無理なのである。

景気低迷が続くいま、零戦について新たな視野で語ることは、人々に元気を与える要素になると確信している。だからこそ「いまゼロ戦の読み方」というテーマで、日本に足りないものは何かを明確にしていきたい。

では、本論にはいる前に、零戦誕生の経緯を簡単に述べたい。

なにより驚かされるのは開発着手から実戦参加までのペースの速さである。零戦は最初

『十二試艦上戦闘機』と呼ばれているが、十二試とは昭和十二年（一九三七年）に試作を開始したという意味である。実際、海軍はこの年の五月十九日に計画要求案を提示し、翌十三年一月十七日の研究会で基本的な項目が決定されている。

以後多くの困難を伴いながらも開発は着実に進み、三カ月後の四月二七日に実物大の木型完成、昭和十四年三月に一号機完成、同四月一日に初飛行と、最初の予定をほとんど遅れることなく消化している。これは、十二試艦戦の素性がきわめてよいことを示していた。もっとも、昭和十五年三月十一日に二号機が墜落するなど二つの重大事故も発生し、貴重な人材が失われてもいる。しかし飛行テストは以後も続行され、いくつかの欠陥も少しずつ手直しされていった。正式に海軍機『零戦』となったのは、昭和十五年七月二十日であった。

零戦の優秀さは、それ以前の海軍の主力機である九六式艦上戦闘機と比較すればすぐにもわかる。第一に、操縦席の風防《キャノピー》が、九六式にはなく（開放式）零戦にはある（密閉式）。第二に、主脚の構造が九六式は固定脚であるのに対し、零戦は引込脚である。第三に、装備の機関銃・砲が、九六式は七・七ミリ機関銃二門だけだったのに対し、零戦は七・七ミリ機関銃二門、二〇ミリ機関砲二門を搭載している。このように、大きな部分だけでもこれだけの違いがあるのである。

これだけ高性能の戦闘機が二年半程度の短期間で造り上げられたとは、にわかには信じがたいものがある。なにしろ、パソコンやＣＡＤ（コンピューターによる作図）はもちろん、電卓も簡易コピー機も存在しなかった時代なのである。計算は計算尺と手回し計算機、作図はＴ型定規とコンパス、コピーは青図と化学式複写機しか使えなかったのだ。

海軍側のスタッフも、この画期的な新鋭機を全力を挙げて応援していた。これこそ将来の主力機とはっきりと認識し、メーカー、設計者と協力して育成していったのであった。このため、昭和十六年十二月八日、太平洋戦争開戦の日には、五四〇機の零戦を揃えることができたのである。

零戦が誕生した当時は日中戦争たけなわであったが、当初は中国戦線で激しい戦闘に出逢うとは考えられていなかった。海軍の中型攻撃機（中攻）部隊が台湾あるいは漢口を基地として、重慶、成都などを攻撃していた。この場合の距離は往復一〇〇〇キロを超えており、従来の九六式艦上戦闘機ではとうてい護衛できなかった。このため中攻、そして陸軍の九七式重爆撃機編隊は中国空軍戦闘機隊の反撃を受け、被害が大きかった。ある時期（昭和十五年前半）だけをみても、中攻、重爆は未帰還一四機、損傷三〇〇機という大損害を出している。

この事態を打開するため、昭和十五年八月、制式化されたばかりの零戦が漢口基地に送られる。そして同年九月、中国の戦闘機隊二七機の編隊と日本側の十三機の編隊が空中戦になる。通説ではあるが、この空中戦で日本側は相手側の二七機全部を撃墜し、自分のほうはまったく損害がなかったという。昭和十五年末までの戦果は撃墜五九機、撃破一〇一機という輝かしいものであった。そのうえ自軍の損失はなんとゼロである。完勝と言っていいだろう。

太平洋戦争の最初の半年に限って言えば、零戦は充分に強力な戦闘機だったといってよい。アメリカ陸海軍の戦闘機と空中戦を交え、イギリスのスピットファイアとも戦っている。さらに、オーストラリア軍の戦闘機とも何回か戦いを交えている。このあたりを少し調べてみたところ、かなり厳しく見てもキルレシオ（撃墜率）が一対二くらいで、一番良いときだと三・七くらいまでいっている。対戦相手側にも似たようなデータがかなり残っているので、資料の信憑性に問題はないだろう。

＊零戦の呼び方

邦暦二六〇〇年（昭和十五年）に制式化された軍用機にはすべて「零式」の名がついている。零式艦上戦闘機は本来ならレイセンだが、いつの間にか英語のＺＥＲＯからゼロセンとなった。

＊堀越二郎

明治三六年生まれ。九六艦戦、零戦、雷電、烈風の設計主務者。国産輸送機ＹＳ11の開発に参画。昭和五七年死去。著作は『零戦〜その誕生と栄光の記録』『零戦の遺産』など。

日下　零戦の比較は一〇〇〇馬力級戦闘機と

どうやら零戦は優秀だ、突出していたという決め込みがあるようだが、実は突出していなかったというテーマでも一冊書けるぐらいの情報がある。物事は見方次第でいろいろに言えるという警告を兼ねて言わせてもらえれば、『零戦における通説の間違い』というテーマでも、本が一冊できるだろう。

私は今回の討論で、零戦について俗に言われていることについて、真実をきちんと調べたらこうだったということを述べてみたいと考えている。そうすれば、もっと詳しく聞かせろと食いついてくる読者が現れるはずだ。世間一般で言われ自分も信じてきたことが違うというのなら、どこがそうなのか、なぜなのかを知りたくなるのは当然だ。

世間の人が信じている通説はもちろん、報道や歴史も、半分は本当だけれど半分は嘘だ。いま盛んに言われている改革についても、新聞に書かれている情報の半分はいつも嘘である。なぜかというと、どうせ改革は腰砕けになるだろうとか、国のためを思って行動する政治家がいるはずはないとか、情報を集めてくる新聞記者の主観と思い込みが入り込むからだ。

「では、何のために改革をやっているのだろう」というところまで、記者たちは突っ込んで考えようとしない。実際のところ、政治家や官僚は皆自分のためにやっているから半分は本気であり、自分のためにやっている改革は必ず進む。だが、そういったところが見えるまで取材していない。

だが人が慣れ親しんでいる通説を覆すには、かなりきちんとした説明が必要となる。それをマニアックだと言われるならやめるが、零戦について語れと言われれば迷わずマニアとして語ろうと思う。そんな専門的な話には読者がついてこないからやめろと言われるなら、さっさと下りる。このことを胸に納めてもらったうえで、本題に移ることにしよう。

まずは零戦の優秀さについてだが、むろんそれは戦闘機同士を比較してのことだと前提しておく必要がある。そうしないと偵察機や爆撃機で良い仕事をした人たちに不公平である。偵察機なら彩雲などは非常に活躍しているし、天山という雷撃機も役に立っている。もともと戦闘機は派手に見え、優秀さが目立つ飛行機であることを考慮すべきだろう。雷撃機できわめて優秀といわれても、何のことだかわからないはずだ。

さらに零戦を他の戦闘機と比較する場合は、エンジン出力が一〇〇〇馬力級のもの同士で比べてもらいたいものだ。零戦がグラマンＦ６Ｆとの交戦で劣勢だったことをあげ、「だから零戦は優秀ではない」という人もいるが、二〇〇〇馬力級のF6Fとでは、当然零戦に勝ち目はないと、これは零戦の設計者である堀越二郎も述べていることだ。

当時の関係者のほとんどは鬼籍に入っているため文献が頼りとなるが、有名なところでは坂井三郎*というパイロットが書いたものがあり納得できる内容となっている。設計者である堀越二郎もいろいろ書き残しておりこれも大変論理的である。まずはこのような当事者が書いた文献から零戦を知ろうということになるだろう。あとは連合艦隊の指揮官、参謀長などが書いたものや、アメリカ側の当事者が書いたものもあるが、資料として見た場合、あまり真実とは思えない部分もある。これらの文献を資料に派生した議論はさらにたくさんあり、設計者・堀越がそれに答えて語る零戦、あるいはパイロット・坂井が解説する零戦なども参考になる。

*坂井三郎

大正十四年生まれ。海軍の一般志願兵から零戦のパイロットとなり活躍。出撃回数は二〇〇回を超え、六四機の敵機を撃墜している。戦後に「坂井三郎・空戦記録」を出版。『大空のサムライ』と改題され、世界中で読まれている。

三野　データで証明される零戦の強さ

では、零戦の強さについて、それがどの程度真実なのか、数値によって検証してみよう。

空中戦に限らず、あらゆる戦闘における戦果の数字はきわめて曖昧《あいまい》である。たとえば、撃墜数について見てみよう。

ある操縦士が敵の戦闘機に命中弾を与えたとする。敵機は煙の尾をひきながら雲の中へ姿を消す。パイロットは多分撃墜したものとして、基地へ帰還した後そのように報告する。ところが弾を受けた敵機は落ちていく途中で立ち直り、低空で自分の基地をめざしていたとしよう。そこで別の戦闘機に会い今度は本当に撃墜されたとすれば、撃墜した戦闘機のパイロットもこれを撃墜数として基地に報告する。つまり、戦果は二倍になるのである。意図的でないにしろ、このような例は決して珍しくなかったに違いない。

また敵機と交戦した際に損傷を受け、ようやく基地に戻ることができたとしよう。その損傷が原因で車輪が下りず胴体着陸を余儀なくされた結果、パイロットは無事だったが機体は全壊になったとする。これを撃墜に数えるかどうか、微妙な問題である。

このように戦果は見方によって大きく異なってくるので、正確な把握は困難というのが本当のところだろう。では、それぞれの戦闘の勝利と敗北をどのような基準で見ればよいのだろうか。

最良の方法は――資料さえ揃っている場合はきわめて簡単で、互いの発表した『自軍の損失』を比べることである。自軍の損害の数値は、軍人というプライドの高い人種が発表する数値であるがゆえに、実際より少ない場合があっても多いことはあり得ない。過大な戦果に過小の損害の公表というケースは、どこの国の軍隊でも当然行なわれている。ゆえに、公表される自軍の損害は「最低でもこれだけの損害を受けた」とする点でかなり正しいのである。というわけで、零戦の強さを戦果ではなく相手側の損害の数値から検証するのはきわめて有効な手段と言えよう。

方法としては、まず敵の戦闘機との空中戦の結果を両軍の公表データから調べていく。以下にあげる零戦の勝利の記録は、相手側である中国空軍、アメリカ陸海軍航空部隊、イギリス／オーストラリア空軍によって確認されたものばかりである。この場合は必要であれば零戦に撃墜されて戦死したパイロットの氏名、階級まで入手することができる。単に○○機撃墜といった具合に簡単に記されている戦史の数字とは、根本的に異なるデータであることを強調しておきたい。

●昭和十五年九月十三日　中国大陸の重慶上空

〈空中戦となった両軍機〉

日本海軍　　零戦……………………………………十三機

中国空軍　　ソ連製戦闘機…………………………二七機

〈その結果〉

日本側資料では中国戦闘機二七機すべてを撃墜したとなっている。しかし現在の中国側資料には、十三機が被撃墜、ほかに六機が不時着という損害を出したと記されている。なお別の資料によると、中国軍の操縦士十六名が戦死、ほかに不時着三機とある。いずれにしても日本側の損害は四機に被弾があったのみで圧勝といえた。

もっともいろいろな条件が日本側に有利で、例えばこのとき中国側は日本の戦闘機と空中戦になると考えていなかった。また、このときの相手側の戦闘機はポリカルポフＩ（あるいはＥ）15、ポリカルポフＩ16で、機種の数の割合ははっきりしないが、Ｉ16のみが新鋭機、Ｉ15は少々旧式といえた。

●昭和十七年六月四日　中部太平洋ミッドウェー島上空

〈空中戦となった両軍機〉

日本海軍　零戦……………………………三六機

アメリカ海軍　ブリュースターF2Aバッファロー………二一機

グラマンF4Fワイルドキャット…………　七機

〈その結果〉

日本空母四隻から艦上攻撃機十八機（小型爆撃機）と艦上爆撃機三六機（急降下爆撃機）が発進し、これを掩護《えんご》する零戦三六機と迎撃する二八機のアメリカ海軍戦闘機が大空中戦を展開した。その結果F2A十三機、F4F二機が撃墜される。零戦隊の損害はわずかに二機であった。攻撃機、爆撃機のエスコートという厳しい任務でありながら、零戦のキルレシオは七・五という高率である。

●同日　ミッドウェー海戦

〈空中戦となった両軍機〉

この空中戦は戦闘機同士の戦いではないが、零戦の威力が如実に示された戦闘なのでとくに取り上げている。

日本海軍　零戦……………………………………三六機

アメリカ海軍　ダグラスTBDデバステーター雷撃機………五一機

〈その結果〉

アメリカ海軍の空母三隻から送り出されたTBD五一機は、二波に分かれて日本艦隊を攻撃しようと低空から接近した。しかしこれを早期に発見した零戦隊は全力で迎撃し、わずか二〇分という短い時間のうちに四二機を撃ち落とした。この際、零戦一機が海面に突入してパイロットと共に失われたが、これがTBDの射弾によるものか、それとも操作の誤りかははっきりしない。

●昭和十八年五月二日　オーストラリア最北部ポート・ダーウィン上空

〈空中戦となった両軍機〉

日本海軍　零戦…………………………………三〇機

双発攻撃機………………………………二一機

イギリス空軍　スーパーマリン・スピットファイア5B……三〇機

〈その結果〉

双発の一式陸上攻撃機を零戦が掩護しながらポート・ダーウィンを攻撃した際、イギリスから派遣されてきたスピットファイア戦闘機の迎撃を受ける。イギリス空軍のパイロットたちはドイツ軍との闘いでかなりの経験を積んでいたにもかかわらず、日本海軍航空部隊に圧倒される。イギリス側の戦果は攻撃機一機、零戦五機であったが、その代償としてスピット十三機が失われた。あらゆる条件はイギリス空軍に有利であり、そのようななかで迎撃に失敗したショックは少なくなかった。

●昭和十九年一月十七日　ニューブリテン島ラバウル基地上空

〈空中戦となった両軍機〉

日本海軍　　零戦……………………………七九機

アメリカ海軍　ダグラスＳＢＤドーントレス艦上爆撃機………二九機

グラマンＴＢＦアベンジャー艦上攻撃機………十八機

ボートＦ４Ｕコルセア戦闘機

グラマンＦ６Ｆヘルキャット戦闘機…合わせて五一機

同　陸軍　　　ロッキードP38ライトニング双発戦闘機………十九機

〈その結果〉

アメリカ側の戦力は、攻撃機四七機、戦闘機七〇機である。陸海軍共同によるこの大編隊を約八〇機の零戦隊が迎撃し、一時間を超す大空中戦となる。日本側は低空から侵入をはかったP38部隊を高い位置から攻撃し、一九機中八機を撃墜する。その他SBD、TBF攻撃機、F4U、F6F戦闘機をそれぞれ一機撃墜した。日本側に撃ち落とされた零戦はなく、被弾は四機、パイロットはいずれも無事であった。

この勝利は実質的に開戦以来敢闘してきた零戦隊による最後の勝利でもあり、以後は大量に投入されるアメリカ軍戦闘機によって一方的に押しまくられることになる。

なお、この空中戦の状況、結果については、『大空の攻防戦』（渡辺洋二著・朝日ソノラマ刊）第一章を参照にしている。

零戦がなぜ強かったかというと、これには二つ条件があると思われる。

一つに、アメリカ側が、日本の航空技術とパイロットの技量について情報をまったく持っていなかったことがある。「甘く見ていた」という表現がいいかどうかはわからないが、情報不足であったのは疑いもない。二つ目には、日本軍の操縦士が訓練を充分に積んでおり、ドッグファイト戦術において、零戦の旋回性能を思う存分活かしたといえる。

アメリカの戦闘機はみんな大きなエンジンで重い機体であった。つまり零戦とは別の方向を目指して開発されている。このような戦闘機が得意な戦術は一撃離脱、英語でいうヒット・エンド・ランである。犬の追いかけっこのような戦い（ドッグファイト）は一切せず、敵機を見つけたら上空から一気に襲いかかって射撃して、撃墜できようとできまいと高速で下に抜けて逃げてしまうのである。最初からこの方式だったら、アメリカの戦闘機ももっと有効に戦えたはずである。初期の空中戦に限れば、アメリカ側は戦術の選択を誤ったといえる。

これらの三つが、零戦の勝利に結びついたのだろう。

日下　相手から畏怖されるのも実力のうち

三野さんのお話は調査がゆきとどいていていつも感心する。たしかにこの通りに強かったから本当にうれしいのだが、多少「評判」の成立について考えてみよう。

日本が造った飛行機のなかで零戦は特別に有名である。たしかにそれを裏づけるだけの性能と実績があるが、一度有名になるといつまでも話題にされるということもある。

零戦の登場は、特に緒戦ではアメリカに相当なショックを与えた。アメリカ軍はいまでも軍事予算を取るために「真珠湾」を例に出す。湾岸戦争の対イラク戦は自分から攻めていったが、不意打ちをくらったのは真珠湾で、だから平時に予算を取るには真珠湾がいちばん良いのである。アメリカ人が日本海軍や零戦を褒《ほ》めるのは、いま述べたような計算も入ってのことである。

イギリスもドイツのロンメル将軍を褒める。なぜかというと、イギリスは他でろくに戦っておらず、アフリカのみで自分が主役だった。だからその時の相手を褒め、映画にもする。ロンメルのようなドイツ将軍は東部戦線にはたくさんいたが、イギリスに関係がないのでイギリスの映画にはしてもらえないのである。

とはいえ、零戦が強かったかと聞かれれば、強いと答えることになるだろう。開戦から半年くらいに限るが、敵味方損害比率や作戦目的を達したかどうかなどを他の戦闘機と比較しても、零戦の強さを証明する材料は多い。

「零」というネーミングもよかった。東洋的神秘をイメージさせたからだ。「0」の概念はインド人が発見したというが、西洋人にとっては、何もないものが零であるとか、無が無限大に通じるとかいう考え方自体が、神秘的に感じられる。だから、その「零」を名前に持つ戦闘機も、不可思議な強さを持つ——そんな印象を抱いたに違いない。相手から畏怖されるのも実力のうちである。

三野　有色人種が白人に勝った珍しいケース

次に、零戦の優秀さについて、戦果だけでなく技術面についても考察してみたい。それには当時の日本の技術——そのほとんどが兵器に関する分野に限られていた——が、欧米のそれと比べて優れていたかどうかを検証する必要がある。

日本軍の開発した各種の兵器を冷静に見ていくと、アメリカやイギリス、ドイツ、ソ連を凌駕《りょうが》していたと断言できる兵器は、わずか数種にすぎない。海軍関連では零戦に代表されるいくつかの航空機や、多くの攻撃兵器を装備した重巡洋艦、潜水艦の水中位置維持装置（正確には自動懸吊《けんちょう》システムという）、酸素を燃料の一部に使用した魚雷などがこれにあたる。陸軍関連はより少なく、非武装の高速戦略偵察機、陸上部隊の戦闘を支援する直協（直接協力）機程度しかない。よりシビアな目で見れば、零戦、偵察機の彩雲、魚雷、九七式、一〇〇式司令部偵察機*だけといってもよいくらいだ。

このなかでは巡洋艦・駆逐艦から発射される魚雷の性能が、アメリカ、イギリスのものに比べて格段に高かったのはたしかだ。しかし、水上艦が魚雷を武器に闘うような海戦自体が昭和十八年以後なくなってしまい、その威力は宝の持ち腐れとなる。陸海軍の偵察機も優秀ではあったが主要な攻撃兵器ではないため、これまた戦局を変える力は持っていない。このような消去法に従うと、欧米が一目置く日本製の兵器は零戦だけになる。

零戦は近世から現代にかけて有色人種が創り出した技術品のうち、もっとも優れたものだと言えるのではないだろうか。むろん、零戦の他にも優れた技術品はさまざま考えられるが、その出現によって先進国である欧米がショックを感じたという点から見た場合、きわめて少ないのではないだろうか。

私は、零戦の活躍は東洋人など有色人種が白人種に勝った大変珍しいケースと考えている。現代においてそのほか白人が手酷《ひど》くやられた戦闘といえば、日露戦争における一九〇五年（明治三八年）の日本海海戦くらいである。しかしその時の日本側の軍艦はほとんどイギリス製であり、ロシアは革命による混乱を背景にかかえていた。

それから三〇年近く経った一九四一年（昭和十六年）十二月の真珠湾攻撃で零戦の力が発揮され、アメリカ人にある程度のインパクトを与える。さらに一〇日後には、マレー沖海空戦*でイギリス人にかなりショックをもたらした。零戦が出撃した戦闘ではないが、有史以来イギリス人が初めて日本に一目おいたのは、このマレー沖海空戦だったのではないか。

チャーチルの回顧録を読むと、プリンス・オブ・ウェールズとレパルスという大軍艦が二隻ともあっという間に撃沈されたと聞いてがっくりし、その時周囲に他人がいなかったことをうれしく思った、という記述がある。良い悪いは別にして、近代以降アジア人の存在感を最初に認識させたという点でこの戦いを評価してもよいと考えている。

＊司令部偵察機
敵の戦線後方深くまで侵入する戦略偵察機のこと。日本陸軍は九七式、一〇〇式の二種を効果的に使用している。共に武装を持たず、高速を利して大いに活躍した。一方、アメリカはこの種の専用機を開発せず、もっぱら戦闘機、爆撃機を改造して偵察任務に当てている。

＊マレー沖海空戦
昭和十六年十二月十日、マレー半島沖合でイギリス海軍の戦艦プリンス・オブ・ウェールズ、巡洋戦艦レパルスが、日本海軍の中型攻撃機によって撃沈された。英艦は排水量三万トンを超す巨艦で、航空攻撃に対する戦艦の脆弱性が明らかになった。

日下　実力以上に花咲いた零戦

歴史をいえば、一六六一年、鄭成功《ていせいこう》（母親は日本人）が台湾を支配していたオランダ人と戦ってこれを撃退したのがヨーロッパに対する東洋人の勝利の第一号だと思うが、それはさておき、チャーチルがびっくりしたという話を聞いて、すぐに日本人を見直したに違いないとか日本海軍を尊敬しただろうと思うのは、日本人の悪い癖で自意識過剰である。

チャーチルがびっくりしたのは、まず第一に飛行機が軍艦を沈めたという事実そのものである。マレー沖海戦以前にも、イギリスとドイツの戦いでイギリス戦艦やドイツ戦艦が沈んでいるが、それはあくまで戦艦同士の砲撃戦や潜水艦との交戦の結果で、航空攻撃が主因ではなかった。チャーチルは砲撃で戦艦が沈むことは知っていたが飛行機では沈められないという認識があったから、マレー沖海戦は航空攻撃に無防備で出撃させたのである。それがあっさり沈められ、これは戦艦無力時代が来たということでびっくりしたのが第一である。

だから、何も日本の攻撃機でなくてもよかったのだ。相手はイタリア海軍航空隊でも何でもいいのであって、日本海軍航空隊を尊敬したに違いないなどと、連合艦隊の参謀が書くのは視野が狭い。イギリスの常識では日本海軍はイギリス海軍の弟子だから、海軍対海軍で負けたとは当時思うはずがない。現在にふりかえり、例えば韓国の半導体に負けたと日本人が思わないのと同じである。

太平洋戦争初期、連合軍側では用兵についての考えが固定していた傾向があり、さらにそれをあまり意識していなかったようだ（意識して議論されたら記録に残るはずだが、そういった記録は発見できない）。無意識だっただけに病気は深く、治しようがない。マレー沖海戦はその無意識時代だった。

さらにマレー沖海戦当時は、敵である日本軍がどんなものかが連合軍にはわかっていなかった。いつ来るかもわからないし、敵の機数もわからない。さらに、この地にいたイギリス軍パイロットは寄せ集めでろくろく練習もしていない。バッファローという戦闘機に乗って遊覧飛行みたいに飛んでいた人たちで、マレー人を土人と見て見下して飛んだだけの経験しかないのである。

そういうことを全部考えれば、零戦の対戦相手だったバッファローその他の戦闘能力自体は、言われるほど弱くも悪くもなかった。戦闘を取り巻く状況全体に責任があるわけでこれ次第なのだ。それを冷静に箇条書きで検討したうえでなければ、零戦は無敵とも、対戦したＦ４Ｆやバッファローが弱いとも言いきれないだろう。

現にＦ４Ｆはガダルカナル上空で善戦敢闘している。日本側の報告ではやっつけたやっつけたとなっているが、Ｆ４Ｆには危なくなったら急降下して逃げろという指示が出ていたことを無視している。三野さんのお話のとおり急降下していったＦ４Ｆが実は海面すれすれで機体を立て直しているところまで、日本側は見ていない。

零戦は昭和十七年の一年間に限定すれば、たしかに世界最強であった。詳しくは後述するが、当時の日本の実力以上に零戦だけ花が咲いたのである。だからこそ、諸外国にショックを与えた。

そのあたりをとばして零戦の成功を日本人全体の底力の結果のように言ったのは、いわば海軍の宣伝にすぎない。だが、日本人は真にうけた。なぜなら、真にうけているほうが楽しいのだから。日本海軍は強いのだ、日本軍は強いのだ、日本民族は優秀である、この戦争は勝つに違いない——と喜んだが、これはもう冷静な感覚ではない。

三野　無視されたシェンノート報告

零戦は太平洋戦争開戦以前から活躍していたわけだから、欧米の専門家たちが日本の航空戦力や零戦の先進性に目を向けてもよかったはずである。だがアメリカは、中国から届いた報告を見ても、零戦の出現を信じなかったという。このレポートを送ったシェンノートは日中戦争の頃、アメリカ人義勇兵らによって編成された臨時の戦闘機部隊『フライング・タイガース飛行隊』の指揮官（少将）で、中国国民党を支援して、日本航空部隊と交戦している。

偏見とまでは言い切れないが、東洋人にそんなすごい戦闘機が造れるはずがないという先入観はたしかにあったようだ。日本は日露戦争でもバルチック艦隊を撃滅していたわけだから、評価してもよさそうなものだが、飛行機の設計技術までは信じられなかったらしい。

アメリカの立場にしてみると、日本の技術を甘く見て事前の情報の収集に関心がなかったため、突然出現した零戦にこれだけやられている。これで少しは教訓を学んだはずなのに、朝鮮戦争でも、ソ連製のミグ戦闘機*に同じようにやられている。いずれの国もそれ以前の戦争から教訓を得るということにおいて、どうも不勉強だとしか言いようがない。

朝鮮戦争のときのミグ15の出現は、アメリカには唐突なできごとだった。ソ連が独力ですごい戦闘機を造れるはずがないと言っていたのに、自国のものより数段すごい戦闘機が出てきたのである。戦闘機の性質などからみると、零戦とワイルドキャットとの空戦は、例えば後の時代のミグ15とF86セイバーとの空戦と同じである。零戦もミグも、アメリカ戦闘機より軽くて小さい。真珠湾が一九四一年十二月、ミグが登場した朝鮮戦争が一九五〇年十一月頃からだから、わずか一〇年足らずの間に、同じ失敗を繰り返している。

いま連合軍のおかした失敗について本を書いているのだが、イギリスから送ってもらった資料にも似たような例があった。第一次大戦時、イギリスはドイツの潜水艦Uボートに徹底的にやられている。にもかかわらず、二〇年後の一九三九年に第二次大戦が始まった時、イギリスには対潜用の艦艇がほとんどないのである。また、前大戦の時同じ理由から国内の備蓄食料が六週間分にまで減ってしまって大騒ぎになったのに、二〇年のうちに全部忘れ、対潜用の艦艇が三〇隻くらいしかない。

どうして人間は前の戦争の記録を残し、学ばないだろうか。教訓を得ないのは日本だけではないとホッとしつつも、不思議でならない。「過ちは繰り返す」という格言はあるが、あまりにその期間が短い。どうしてほんの少し前のミスを忘れ、それを重ねるのだろうか。我々にもこの傾向はなきにしもあらずで、危ない感じがしている。

＊ミグM・iG15戦闘機
朝鮮戦争に登場したきわめて軽量、旋回性能のよい戦闘機で、アメリカ空軍に大きな衝撃を与え、ZEROと同様M・iGも辞書に載ることに。

日下 情報は評価する人の能力に帰する

アメリカが日本の軍事力を過小評価していたのは、三野さんが言われるとおりだろう。どんなにスパイ網を展開し、情報のセンサーを充実させても、最後は評価する人の能力《キャパシティ》に帰する。当時シェンノートのレポートを受けたのは、日本が国産で戦闘機を造るなど無理だと思い込んでいる人たちで、その限定されたメンバーで意思決定が行なわれていた。

例えばその場所に、ライト・サイクロン社*の技師を知っている人物がいたら、真珠湾はもっと違った結果になっていただろう。栄《さかえ》エンジンを造った中島飛行機の荻窪工場はアメリカのライト・サイクロン社から特許《パテント》と工作機械を買い、配列や製品の仕上げ検査、それに応じた工員への給与の支払い方まで、帝国ホテルに泊まって荻窪に通勤するエンジニアに教えてもらっていた。

昭和十四年までそうなのだから、アメリカが栄の性能や生産台数を推定できないはずはない。まず日本には一〇〇〇馬力エンジンがあるということがわかる。だから、国防省全体の日本蔑視観がなければ零戦の出現はそれほど驚きではないはずだが、やはり有色人種を劣等視する思いこみが強かった。

ともあれ一〇〇〇馬力エンジンはある。となれば後はそれにどんな機体を与えるかだけで、それを搭載した戦闘機が重慶に飛んできても不思議でない。シェンノートのレポートを聞いて半信半疑だったにせよ、もう少し詳しく調べようと立ち上がらなかったのは大きな怠慢といえるだろう。「シェンノートの報告が真実なら、日本はアメリカの現用戦闘機のすべてより強い戦闘機を開発したことになる」と誰かが言ったら、残りの全員が大笑いして会議が終わったとある。

日露戦争での日本海海戦の勝利も、「あれはイギリス製の軍艦だったから」という評価だったに違いない。さらに発展して、「もしかしたら、参謀長の横にイギリス人が軍事顧問として乗っていたのではあるまいか」とか、ロシアの方が遠洋航海でへとへとにくたびれていたんだとか、要するに自分が納得したいように、何とでも理由をつけるのである。

シェンノートのレポートにも、割引材料がいくらでも出されたに違いない。「敵が強い」と書いてあるが、苦戦をしているのだからもっと予算をくれというのが本音でオーバーに言ってきたのではないか、そんな見方もされたのではないだろうか。強さというのは、具体的に書くほどなぜか信用がなくなる。

日本では零戦の報告だけ問題にされるが、このときのシェンノートのレポートには他の問題でオーバーな点があり、「義勇軍としてアメリカからやって来るボランティアのパイロットには、ひどいのがいっぱいいる」など、文句たらたらが報告されている。義勇軍は飛行時間一〇〇時間くらいでやってくる食い詰めのならず者で、中国人の女性を強姦して歩く。「私はまとめきれないよ。日本軍は新しい戦闘機で攻めて来るんだし、こっちにもまともなアメリカ機と空軍兵を送ってくれ」というのが報告書の全体の流れだから、真実かもわからないが、受け手にはシェンノートの泣き落としに思えたのだろう。となれば、「狼がきた」的な判断をアメリカの参謀本部がしたこともあながち批判できない。

とはいえ、事実確認に動かなかった点は大いに批判されるべきだ。なかでも、一番重要な情報、零戦の出現を見落としたことは大きな失敗だった。ここまで具体的に性能を書いてきたのだから、ライト・サイクロン社の技師を呼んでみようとか頭を働かせればよいものを、そう思いつかないのが官僚的だった。政治に長《た》けるが技術には疎《うと》い、そんな世渡り上手の参謀や政治家がメンバーになっていたことが、アメリカの大きな誤算と言えるだろう。

現在も、日本企業ではそんな会議ばかりしている。お茶を濁していないで自分で行って調べてこい、と言いたい会議が多い。結局、評価する人の能力如何《いかん》で情報は殺されもするし、反対に「こんな情報が」と言うものに大変な価値を見いだせもするのである。

それにしても、戦争の教訓を人間が覚えない、あるいはすぐに忘れるとは、おもしろいご指摘である。実は朝鮮戦争に登場したソ連のミグ15のエンジンはロールスロイスをモデルにしたもので、イギリスから技術が提供されていることをアメリカが知らないわけがない。にもかかわらず油断をしたという点が、シェンノート報告の過ちの繰り返しだろう。

口惜しいと思ったら人間は何をしでかすかわからないものだが、アメリカはそれまでのソ連の技術力だけで判断し、たかをくくって安心していた。だがイギリスは金さえもらえればソ連に何でも教えるし、ソ連に使われているドイツ人の技師も知恵を絞り出す。だから、アメリカの予想に反してミグが完成した。予想の五割増くらいのことはいつでも起きる、という教訓になる。

ちなみに、ソ連はアメリカをよく見ていたので、尋常では勝てないと考え、ミグをやたらに軽くするコンセプトを定めた。その結果軽くて小さいものになったことも零戦と同じだ。しかし、緒戦に活躍したミグ15もやがて電子機器で負けてしまう。

忘れるのは、過去の教訓ばかりではない。イギリスがドイツと戦争が始めた一年後の一九四〇年、ドイツ軍がドーバー海峡に上陸してくるとなれば迎え撃つ海岸砲台を作らなくてはいけないということになり、地図を見てここが一番いいと決めた参謀将校たちが、一〇人くらいで自動車に乗って現地に向かった。すると、草ぼうぼうの中に鉄道が敷かれ、その終点、ちょうど自分たちが砲台を作ろうと考えていた地点に古い砲台があり、管理の兵がいたという。

どうやら、第一次大戦中期、ドイツ軍の上陸に備えて設置されたものの、使う機会がないままに終わったらしい。将校たちが発見したときは大砲も残っており、第一次大戦の時のままに完全に整備されていた。砲台の番人には戦争が終わった後もずっと給料が出ていたので、油をさしていつでも使えるようにしていた。しかし命令した中央の軍人たちは番人のことはむろん、砲台があったことさえすっかり忘れていたのである。このように、準備をしていても忘れてしまうことがある。

人間たちは、終わったことはすぐに済んだこととして記憶の隅に押しやってしまうからだろうか。それに第一次大戦は徹底した全面戦争だったので、今後二度と戦争はないという恒久平和説が人々の気持ちだった。

＊ライト・サイクロン

プラット・アンド・ホイットニーと共にアメリカ軍用機に使われた空冷星型エンジン。初期の七気筒単列からはじまり、最終的には九気筒四列の出力三六〇〇馬力のものまで登場した。全体的に重く大きいが、余裕を持って造られており、出力の増強にプラスとなった。

第2章 勝機をつかむコンセプト革命

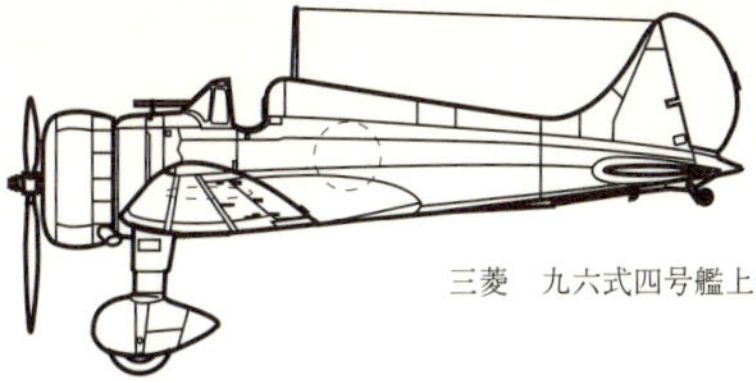

三菱　九六式四号艦上戦闘機　7.57m　1/150

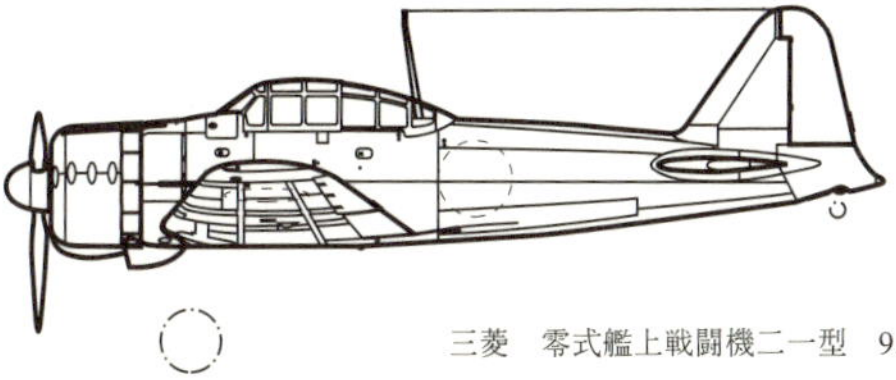

三菱　零式艦上戦闘機二一型　9.05m　1/150

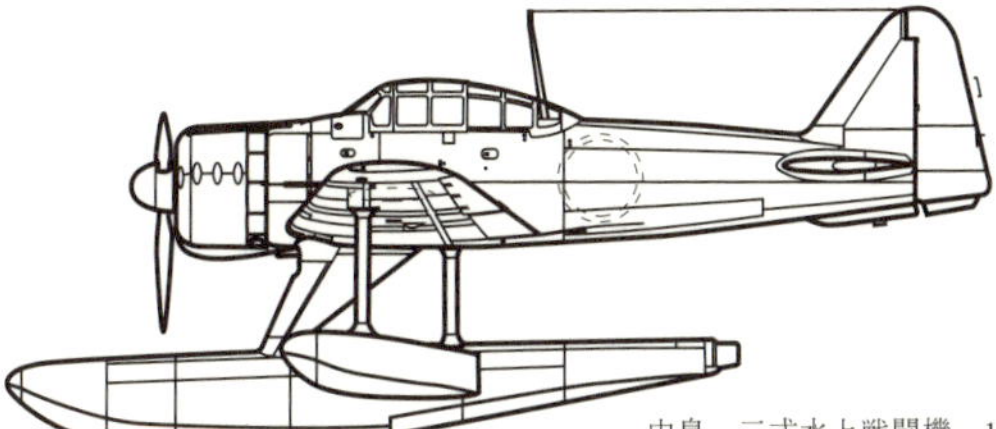

中島　二式水上戦闘機　10.13m　1/150

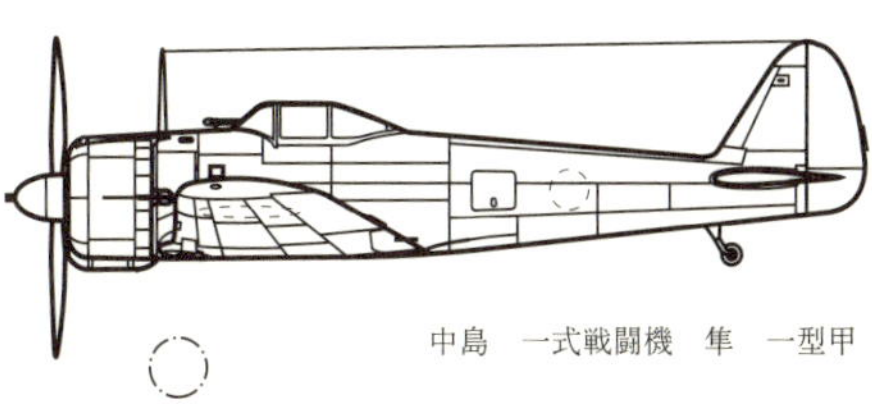

中島　一式戦闘機　隼　一型甲　8.83m　1/150

太平洋戦争初期の日本軍戦闘機

日下 戦争嫌いの日本人が造った進攻戦闘機

零戦がどんなコンセプトのもとに造られたかを語る前に、そもそも我々日本人の戦争思想がどういうものなのかという話をしたい。私は、日本人はつくづく平和的な人間だと考えている。これは現代に限ることではなく、何から何までこんなに平和的な国はない。

そもそも島国は単一民族が平和に暮らしているため、戦わない。一方、国境線だけで区切られている大陸国は、戦いが日常的だ。イギリスは大陸から追い払われてきた民族のたまり場で、まだ充分に島国になっていないからやはり戦う。

日本は島国で、徳川時代など二六〇年も平和が続いたおめでたい国だ。西洋人は戦争が日常と隣り合っているから計算ずくで戦えるが、日本人は戦争を計算できず、異常事態だから日常性からぶっとんで外れたこともしてしまう。おめでたい人間がパニックになってやっているのが日本人の戦争で、だからあのような戦争の仕方をしたのである。

零戦という戦闘機を造ったこと自体、平和主義を感じさせる。当時英米は四発の爆撃機ばかり造っているが、攻め込むことを前提にしているからそういう選択になる。第一次欧州大戦が終わってまだ双発も頼りない頃、なぜイギリスが四発機を一生懸命に研究したかというと、アラブの上空を飛びまわらせ石油を支配しようと考えたかららしい。アラブ人は大きいものに驚くから四発の重爆を飛ばすのが一番効果的だ、駱駝《らくだ》がびっくりして逃げる、と考えて飛行機を設計している。歴史で見ても、アメリカやイギリスの本土が本格的な陸戦の戦場になったことがないのは、常に攻め込む側にまわっているからだ。

しかし日本は四発を造らない。ドイツも造らない。造れないことはないが熱意がないのは、防御戦闘を基本に考えているためだ。こんなことに誰も気がつかないのはなぜか、不思議である。日本が進攻を考えた唯一の例外が、零戦と海軍の中攻*だった。しかし単発と双発に進攻をやらせようというところが本格的でないから、やはり失敗した。

戦後アメリカが教えた日本民族軍国主義論は誤りで、わが国では進攻の歴史は珍しい。だからこそ、進攻戦闘機として使われた零戦に人気があるのだ。防御より進攻の方が華やかだから、零戦と九六式および一式の陸攻には人気がある。アメリカでも一見地味なB—17にたいへんな人気があるのは長距離進攻爆撃をしたからで、この辺が見落とされている。

＊中攻
日本海軍の開発した陸上を基地とする双発の雷撃／爆撃用攻撃機のうち、九六式は中攻（中型攻撃機）、一式は陸攻（陸上攻撃機）と呼ばれる。共に航続力が大きく、大戦前半には戦果を

あげたが、防弾装備が充分でなく、撃墜されることも多かった。

三野 特徴のひとつは長大な航続距離

零戦の持つ特徴のひとつは、大きな航続力である。最適条件である時速一八〇キロ、高度三〇〇〇メートルを維持すれば、最大で一七一〇海里（三一六七キロ）を飛行できた。飛行可能な時間は十七時間六分である。実際の能力はこの約半分の一六〇〇キロ、八時間程度であるが、それにしても信じられない航続性能といえる。

零戦と同じ時期の各国の主力戦闘機の航続距離を以下にあげてみよう。それぞれの数値は資料によってかなり異なるが、大筋としては次のようになる。

アメリカ	カーチスＰ40	一五七〇キロ
	グラマンＦ４Ｆ	一四六〇キロ
イギリス	スーパーマリン・スピットファイア	七五〇キロ
	ホーカー・ハリケーン	一五八〇キロ
ドイツ	メッサーシュミットＢｆ１０９	九七〇キロ

フランス　モラン・ソルニエMS406　八〇〇キロ
イタリア　フィアットG50　六八〇キロ
　　　　　マッキMC200　八七〇キロ
ソ連　ポリカルポフI16　八三〇キロ
日本　中島一式隼《はやぶさ》キ43*　二二〇〇キロ

これでもわかるように、零戦の航続力は他の戦闘機を大きく凌駕しており、イギリス、ドイツのそれの二倍、宿敵F4Fの一・五倍もあった。第二次大戦中、零戦の航続能力に匹敵し得たのはアメリカのP51ムスタングのみで、しかもP51の出現は零戦誕生の四年も後だった。このことからも、零戦の優秀性が確認できる。

*隼・一式戦闘機キ43
零戦と同じ時期に登場した陸軍の主力戦闘機で、エンジンも基本的に同じ。すべての性能が、零戦にわずかながら下回り、構造上主翼に機関銃を装着できない欠点も残った。

日下 海軍の「計画要求書」はコンセプト革命

海軍の航空本部が示した「一二試艦上戦闘機計画要求書」を見た設計者の堀越二郎は、「当時の航空界の常識ではとても考えられないことを要求している」とびっくりする。どこが重要かということについて、堀越自身が要約して紹介しているのでそれを引用したい。

用途……………掩護戦闘機として、敵の戦闘機よりも優れた空戦性能を備え、迎撃戦闘機として、敵の攻撃機をとらえ、撃滅できるもの
大きさ…………全幅、つまり主翼のはしからはしまでの長さが十二メートル以内
最高速度………高度四〇〇〇メートルで、時速五〇〇キロ以上
上昇力…………高度三〇〇〇メートルまで三分三〇秒以内で上昇できること
航続力…………機体にそなえつけられたタンクの燃料だけで、高度三〇〇〇メートルを全馬力で飛んだ場合、一・二時間ないし一・五時間。増設燃料タンクをつけた過荷重状態で、同じく一・五時間ないし二・〇時間。ふつうの巡航速度で飛んだ場合、六時間ないし八時間

離陸滑走距離…航空母艦上から発進できるようにするため、向かい風秒速十二メートルのとき七〇メートル以下（無風ならこの二・五倍内外）
空戦性能………九六式艦上戦闘機二号一型に劣らないこと
機銃……………二〇ミリ機銃二挺、七・七ミリ機銃二挺
無線機…………ふつうの無線機のほかに、電波によって帰りの方向を正確にさぐりあてる無線帰投方位測定機を積むこと
エンジン………三菱瑞星一三型（高度三六〇〇メートルで最高八七五馬力）か、三菱金星四六型（高度四二〇〇メートルで最高一一七〇馬力）を使用のこと
『零戦』（朝日ソノラマ）より

この数字が意味するコンセプトは進攻戦闘機である。これは革命的な発想だった。

そもそも当時の海軍の戦闘機は、第一章でマレー海戦について述べた際も少し触れたが、艦隊の上空を直衛していればいいというものだった。艦隊同士が大砲を撃ち合って雌雄を決する時、まず観測機が飛び、いま撃った弾は当たったとか近すぎたとかを逐一報告する。艦隊にとって相手の観測機はうるさい存在なのでまずはそれを撃墜し、さあ思う存分に大砲で撃ち合いをしようということになる。これが主力決戦である。この意味で、戦闘機は観測機

を撃墜する、あるいはこちらの観測機を撃墜に来る敵の戦闘機を阻止するという存在で、つまり上空直衛というコンセプトだった。

これに対し、自ら進んで出向いて敵の軍艦を捕捉し飛行機の力でやっつけよう、敵の大砲が届かない遠くからやっつけよう、うんと足の長い飛行機を造ろうというコンセプトで、零戦は造られた。

零戦はこれにちゃんと応えたから、立派なものである。しかし次なるコンセプト、つまり改良のコンセプトがなかったのだが、これについては場を改めて述べることにしたい。

三野 零戦はトヨタ車の設計に近い

零戦は当時としては画期的な戦闘機として造られた。なぜそれが可能だったかというと、設計者の手腕はもちろんだが、ちょうどその頃要求にこたえるだけの周辺技術が発展していたこともあろう。

当時の日本は国産で一〇〇〇馬力の信頼性の高いエンジンを造ることができ、また沈頭鋲*や、もっとも優れた素材である超々ジュラルミンを使用することもできた。この軽くて強度の大きいアルミニウムが製品化されていたことは評価するべきだろう。

さらに、これは飛行機の開発とは直接には関係しないが、日本海軍の軍艦の性能が上がってきたことも、零戦が名機たり得た背景となっている。大型の航空母艦が高速で航行できるようになったことから飛行機の設計に課せられる条件が少しではあるが緩くなり、これが航空技術の向上と一致したのではないか。

もっとも、アメリカでも一部で沈頭鋲や超々ジュラルミンが使われていたから、どこが良かったと指摘するのは難しい。操縦システムの剛性低下方式も優れた技術だが、それが全体の優秀さに直結するかどうかと言えば疑問だ。

結局、零戦がいまなお評価される理由として、海軍の要求（正確には仕様という）に沿って、きわめてきちんと造られたことがあげられると思う。戦闘機というものにはどの機種にしろその時代の最先端技術が導入されるから、細部の技術がどうのというより、それがうまくまとまっていたことが零戦の優秀さの秘密ではないだろうか。

零戦は、車でいえばトヨタ車の設計思想に近い。きわだった特徴はないが、すべて八五点ぐらいにしようという開発姿勢なのだ。それに対して、戦争当初のアメリカの戦闘機は漫然と設計された部分が響いて七〇点ぐらいに止まっている。きわめて曖昧な採点だが、その一五点ぐらいの差があの強さになったのではないか。

細部が少しずつ煮つめられていて、全体もうまくまとまったのが零戦だった。エンジンも故障が少ない。二〇ミリ機関砲も初めて積めた。超々ジュラルミンも使えた。撓《たわ》みを利用した操縦系統もできた。大型、高速の空母も揃った。このようなさまざまな要因がちょうどうまく重なった。

開発とは、案外そういうものなのかもしれない。新幹線も十年早かったら実用化できなかっただろうし、十年遅かったら他国が造ってしまった。機械やシステムも人間の運と同じで、上昇気運というものがあるのかもしれない。

現代になるほど、かえって特別に優れたものが出ない時代になっているように思う。根本となる設計ソフトにさほどの変化がないため、それに頼ってつくっている限り、どれも似たようなものにならざるを得ない。

ちなみに、零戦の優秀さを現代の国産機と比べてみよう。日本唯一の国産旅客機ＹＳ11*は非常に優秀な飛行機だったが、初めて量産したため売る能力がなかったとはよく言われる話だ。だが、たしかに優秀ではあったが、世界の標準から見て抜きんでた飛行機かと言うとかなり疑問符がつくと思う。アマチュアが見たら、イギリスのアブロ748とエンジンが同じで外観もそっくりだから区別がつかない。そういう点から言っても、零戦とは比べものにはならない。

＊沈頭鋲
零戦では、頭の部分が平らになる特殊な鋲（リベット）が用いられた。表面がなめらかにみえるため『沈頭鋲』の名が生まれた。これによって機体の摩擦抵抗が大幅に減少し、速度が向上した。

＊YS11旅客機
唯一の国産の本格的輸送機。第二次大戦時の航空機設計者たちが計画に加わったことでも知られ、堀越二郎、土井武夫の名も残っている。一八〇機生産され、その半数が海外に輸出された。

日下　零戦は技術的に新しい分だけ有利だった

YS11は国産機だから誰も悪口は言わないが、とんでもない失敗作というべきだろう。責任を販売力がなかった方へ押しつけているが、そもそも企画が時代遅れで、人選が無定見で、組織づくりが総花的で、通産省主導の押しつけにふりまわされた結果の飛行機だと思う。

そのため二度と国産旅客機を造ろうと思う人や会社がなくなってしまった。機体の優劣の背後にソフトの優劣があるという典型例である。国民も税金を二百億円か三百億円損をした。

さて、零戦は純国産技術で世界に勝ったとよく言われる。これはある面では真実で、「日本人は何もできないと思っていたが、結構やるではないか」といわれる地位まで、世界の認識が改まっている。

だが改めていま見ると、どこが純国産なのだろうと思うことが多い。機銃はスイスのエリコン社のライセンス生産だし、照準器はアメリカのライセンスをとっている。エンジンの栄もプロペラも、アメリカの指導を受け特許を買って造っている。どこまでを国産とするかは定義の問題だが、ほとんど真似だらけの寄せ集めなのはたしかである。

最近、工業中進国である韓国や中国あるいはマレーシアやタイ、イランでも、純国産で自動車ができた、純国産で大型船ができた、石油プラントができたと言っているが、我々の目から見ると真似の寄せ集めである。だが彼らにしてみれば、純国産と言わなければ生きていけない。これは、当時の日本も同じだったと思われる。幕末に咸臨丸《かんりん》は勝海舟の指揮で北太平洋を渡ったというが、アメリカ側の資料によると、日本人は荒海に酔って役に立たなかったと書いてある。PRが国民に自信をつけた効果は大きいが、問題はその後である。

大事なことは、もう少し冷静に「ここまでは諸外国のお陰」と感謝したうえで、「ここから先はわずかとはいえ、我々の努力による改良だ」ときちんと分けることである。このように考えている人がどのくらいいるだろうか。

むろん、どこの国も現場で技術を用いている人々はきちんとわかっている。ただ、その上にいる政治家や大統領はなかなかそう考えず、自分たちがやったやったと言いたがる。

話を戻すと、零戦が技術の寄せ集めをした時期は十二試単戦という名称のとおり昭和十二年で、グラマンＦ４Ｆより一年遅れていた。つまり一年だけ技術が新しい分優秀であった。Ｆ６Ｆになったら、これは昭和十四年現在の技術の集大成だから、比べるべきは十四試の戦闘機である雷電、*あるいは紫電や紫電改だ。このように、開発の時間を合わせなければ比較をしても意味がない。

そして悲しいことだがいったん戦争を始めてしまえば、寄せ集めるべき世界のトップ製品はもはや日本に入ってこない。

もし日本に純国産の実力があったなら、雷電もまたＦ６Ｆに勝っていたはずだが、そうはならなかった。だから、零戦の後継機は出てこなかったのである。こんなきついことを言うと夢が醒めるだろうが、これもまた真実である。

＊三菱・雷電
昭和十七年十月十日初飛行。空冷エンジンで、機首に冷却用ファンをつけている。このファン

とプロペラの振動問題のため、優秀な上昇性能にもかかわらず、稼働率は決して高くない。昭和二十年春以降は、Ｂ29爆撃機の迎撃に活躍。総生産数は約五〇〇機。

第3章　ハードを活かす運用術

零戦を活かしたエース達。後列左端が坂井三郎

三野　ドッグファイトの勝敗は旋回性能で決まった

「零戦の勝利の秘密」をなんとか数字で表現できないだろうか。本来なら航空機の性能を示す数式を駆使して説明したいが、それではあまりに専門的すぎるので、ここではなるべく簡単かつわかりやすい方法で迫ってみよう。

空中戦における零戦の得意の戦術は、格闘戦、接近戦にある。敵を発見したら急旋回の連続ですばやく相手の後方に廻り込み、機関銃弾をぶち込む。いってみれば、これに尽きるのである。

格闘戦は、ドッグファイトとも言う。この言葉は、犬が互いに相手を背後から襲おうとたびたび身を翻《ひるがえ》して攻撃する様子と、この戦闘法が似ていることからきている。この場合、もっとも重要な性能は旋回性である。小廻りが利き、連続して旋回を続けても高度が下がらないことが、そのまま勝利への鍵となる。もちろん、射撃時の安定性なども大切であるが、その反面、速度はあまり必要とされない。

航空工学の教科書をひらくと、旋回性能を計算するためにいくつかの数式が並んでいるが、結論は数式がもたらす印象よりずっと簡単である。まず、エンジン一馬力が受け持つ重量（これを馬力荷重という）、次に主翼の面積一平方メートルが受け持つ重量（これを翼面荷重という）の二者が、いずれも小さい必要がある。

翼面荷重については飛行機だけの数値だが、馬力荷重は自動車の場合でも性能を示す数値となる。ここでは、普通車とレーシングカーであるＦ１カーを例としてあげよう。

普通自動車はエンジン出力が一五〇馬力（ＨＰ）、車体重量は一・五トン＝一五〇〇キロ程度である。すると馬力荷重は、一五〇〇を一五〇で割った一〇（キロ／ＨＰ）となる。Ｆ１レーシングカーの場合、エンジン出力を七五〇馬力、車体重量を五五〇キロとすると、馬力荷重は五五〇を七五〇で割った〇・七三（キロ／ＨＰ）である。両者の数値を比べると、エンジン一馬力の負担する重量には、実に十三・七倍の差があることがわかる。

馬力荷重と翼面荷重について、表を作ってみた（六十二頁）。馬力荷重、翼面荷重は、一般の読者が理解し易いよう逆数をとってから指数化している。零戦を一〇〇として数値の大小を比べている。数の多い方が有利と考えていただければよい。

太平洋戦争の前半、戦闘の主役は表に掲げた八機種の戦闘機であった。この表から旋回性能を示す馬力荷重、翼面荷重をみていくと、一目で零戦の優秀性が見て取れる。

零戦のエンジンである栄21型の出力は九四〇馬力と、アメリカ戦闘機の一二〇〇馬力に比

太平洋戦争前半の戦闘機

性能＼機種	零戦 21型	中島 一式戦 隼Ｉ型	ロッキード P38F ライトニング	ベル P39 エアロコブラ	カーチス P40E ウォーホーク	ブリュースター F2A バッファロー	グラマン F4F-4 ワイルドキャット	スーパーマリン スピットファイア5
平均重量 kg	2050	2300	5600	3080	3550	2580	3000	2700
エンジン出力 HP	940	1000	1150×2	1200	1150	1200	1250	1450
翼面積 m^2	22.4	22.0	30.4	19.8	21.9	19.4	24.5	22.5
馬力荷重 kg/HP	2.18	2.30	2.43	2.57	3.09	2.15	2.40	1.86
翼面荷重 kg/m^2	91.5	105	184	156	162	133	122	120
馬力荷重指数	100	94	90	56	70	101	91	117
翼面荷重指数	100	94	50	59	57	69	75	76
翼面馬力 HP/m^2	42.0	45.5	75.7	60.6	52.5	61.9	51.0	64.4
翼面馬力指数	100	108	180	144	125	147	121	153

注：平均重量は自重プラス総重量の平均値。数値は資料によって異なる。

べかなり非力だが、機体はいちじるしく軽い。エンジンの出力は約八割だが、重量が一トンも軽いのである。このため馬力荷重がもっとも少なく、これが零戦に高い機動性と大きな上昇力を与えた。主翼の負担する重量も、これまた二五～四〇パーセントも有利になっている。

したがって、低空で零戦と格闘戦になったら、とうていアメリカ軍戦闘機に勝ち目はない。操縦の技量が同じとすれば、旋回性能で勝敗はすでに決しているのであって、それを覆すことはむずかしい。

零戦の勝利の要因は、アメリカ側が自分の戦闘機の能力を取り違えていたことにある。F4F、バッファロー、エアロコブラ、ウォーホークといった当時のアメリカ軍の第一線機には、自重が二トンを下まわる飛行機は一機もない。零戦は自重が一トン半程度、総重量も二・五トンに達しないのに、アメリカは総重量三トン以下の戦闘機を持っていない。これは、零戦にとって非常な幸運となる。アメリカ軍が自分たちの戦闘機をどう扱ったらいいのかわからないときに、戦争になったのだから……。

高空での戦いならば、重く頑丈なアメリカ機は、猛烈な勢いで急降下するのが生き延びる最良の手段である。しかし、低空ではその手は使えないから、結局のところ、零戦との空中戦を避けるに越したことはない。そこで、アメリカ軍はヒット・エンド・ランを戦法に選んだのである。

日下 零戦の性能は戦争のシステムに合っていたのか

アメリカが零戦に対応できる後継機の開発に成功したのはかなり遅く、Ｆ４Ｆの後継機Ｆ６Ｆが参戦するのは一九四三年（昭和十八年）九月、もうひとつの戦闘機コルセアがようやく四月頃だから、アメリカ軍はその間少々旧式のＦ４Ｆで戦わなければならなかった。

リパブリックＰ47は少ししか出撃しなかったし、最新鋭のムスタングが出てくるのはその年の終わりだったから、零戦と戦う相手は昭和十八年までは同じだったことになる。だが、相手が変わらないのにもかかわらず、昭和十七年のガタルカナルあたりから、零戦は活躍できなくなっている。

零戦は開発時に重点性能が絞られなかったため、何につけてもほどほどの能力を持つ戦闘機だった。強いていえば格闘性能だけが重視された。そうするとスピードが遅い、あるいは急降下速度が低いという欠点が生じたが、これは相手次第でもある。

戦闘機を翼面荷重の大小でみて、軽戦、重戦と分ける考え方がある。十二試が完成した昭和十五年当初、重戦と軽戦の役目の両方を一機でやれと言われても無理だから二種類造れば、いいではないか、という議論が海軍でなされた。ところが結局のところ、なるべく一つで間に合わせようという結論になった。こんなところが日本的といえるだろう。

とにもかくにも、零戦は航続距離と格闘性能に優れた戦闘機として開発されたのだから、能力に合った戦闘をすればいいのである。現に、開戦当初のドッグファイト主体の戦闘では、零戦はめざましい成果を上げている。格闘性能という長所が有効に働いたのだ。しかしアメリカが一対一によるドッグファイトを禁止すると、長所は長所でなくなってしまった。

これも実は初めからわかっていたことで、スピードを重視した戦闘機がやっぱり必要だということから重戦の開発が始まる。これが雷電である。海軍では局地戦闘機（乙戦）ともいう。敵地へ攻めて行くのではなく、敵は来るのだから待っていればいいという考えで、上昇性能と急降下速度、武装を第一に考えている。

敵の戦闘機よりちょっと速ければいいという意味では、零戦も最初は速かった。この長所が消えそうになったときに手を打たなかったのがいけない。

戦時中、実際に戦闘を目撃をしたことがある。昭和二十年二月の硫黄島上陸作戦の前日、空母機動部隊が関東一円に来た日である。

所沢の上空を向こうから五、六〇機、こっちからも同数が交戦する。見ていてすごかったのは、敵方の七、八機に味方の同数が覆い被さると、一旋回、二旋回するうちに、これがちゃんと一機ずつ互いちがいにつながって、敵・味方・敵・味方・敵・味方と焼き鳥のネギと肉のようになる。それが大空狭しとぐるっと一回りすると、一機おきに火を噴いた。

多分それが日本機だったのだろう。最終的には、一〇〇機ほどいたのが半数になってスッと去っていった。それは悲惨な戦闘でかなりショックだった。おお、陸軍の新鋭機疾風《はやて》がたくさん出てきた、これなら大丈夫だと見ているうちに、ぐるぐると回ったら火を噴くのだから。

だが、これはまだいい方だったと思う。ともかくみんな一機ずつ後ろについたのだから。そこまで持ち込めれば上等で、普通は一方的にやられていた。編隊空戦でちゃんと敵の後方についていたのにやられたのは、射撃がへたで防弾が駄目だったせいだろう。

相手側の戦法の変化で旋回しても打ち落とされることが多くなったため一撃離脱戦法をとりたかったが、進撃高度を高くするには排気ガスタービンがないし、急降下制限速度が低くて無理すると機体にしわがよってしまった。それで、外板を六ミリから八ミリへ厚くするまで、この戦法はとれなかった。

進撃高度を高くするという戦法は、八〇〇〇メートルという人間が失神するぐらいの上空を、寒さに震えながら飛行する。当然、馬力は低下するし注意力も落ちる。それに、空気が薄いのだから、エンジンの空気取入口をもっと大きくし、途中のパイプも大きくなければならないが、そういう配慮がされていなかった。堀越も書いているが、もともと零戦の最大出力発揮高度はせいぜい六五〇〇メートルぐらいに考えられていたのである。

その点ソ連機は、エンジンの最大出力発揮高度が二五〇〇メートル程度だったから、ドイツの戦闘機とは高空では絶対戦わなかった。進攻はできないが、能力がないものにそんなことをさせてもしかたがないと、完全に割り切っていた。

性能が戦争のシステムに合っていたかどうかも、ソフトの一面である。当初は合っていたからこそ、我々がいま思い出してもうれしいぐらいの大活躍をした。しかし戦争が変わってくると、零戦の長所は短所になった。戦争が変われば、良い飛行機も悪くなってしまうのだ。

これは用兵がなっていなかったことが大きく影響している。アメリカ軍が戦法を変えたことは当然わかったはずなのに、日本側は何の戦法変更もしなかった。F4Fといえども使用法を進歩させているのに、一方の日本はあいかわらずはちまきを締めて「突っ込め」式の用兵を変えていない。ラバウルでの話だが、内地からやってくる新米のパイロットに「学校で教わったとおりにやるとすぐ撃墜されるぞ」と先輩が教えている。現地での教訓が学校に届いていないとはあきれた話で、零戦とそのパイロットがかわいそうである。

優秀なパイロットが戦死した点を理由にあげる識者が多いが、だったら二流パイロットを戦わせるだけのバックアップ体制をすぐに作れば済むことで、それをしていない罪は重い。二流パイロットであってもたくさんもっと用意すべきなのに、交替が間に合わないなどと騒いでいる。要するに、後方が手を打たないのが悪かった。

三野　零戦の得意技を封じたヒット・エンド・ラン戦術

大戦初期からしばらくの間、いわゆる一撃離脱戦術、ヒット・エンド・ランの思想は無きに等しかった。どこの国の空軍も、戦闘機同士の空中戦はすべてドッグファイトになると思い込んでおり、そのための訓練を続けてきている。その証拠に開戦後二、三カ月の間は、双発で大型のロッキードP38戦闘機まで、零戦に格闘戦を挑んできたのである。この思い違いが、零戦の能力を充分に発揮させる要因となった。

P38のような平均重量六トン近い航空機が、低空で急旋回を続けるなど、危険きわまりないのである。翼面荷重も零戦の二倍だから、ひとつ間違うとそのまま失速して墜落する危険さえあった。迅敏かつ急旋回がお手の物の零戦と低空で闘おうと考えるのは、大型戦闘機にとって自殺行為に近い。

もっとも、各国の空軍がドッグファイトを重要視していたのには、それなりの理由がある。例えば、戦闘機が爆撃機編隊を護衛するときには、格闘戦が必須の条件となる。迎撃してきた敵の戦闘機を追い払おうとすれば、必然的に格闘戦となり、一撃離脱戦法は使えない。このように考えると、まずドッグファイトを重視し、余裕のある場合のみヒット・エンド・ラン戦術を採用するという心づもりでどの国の戦闘機も造られ、操縦士もまたそのように訓練されてきたものと推測される。

これが零戦の勝利に直結したとする見方は、間違っているだろうか。つまり、日本海軍の戦闘機操縦者たちは、自分自身もはっきりと気づかないまま、格闘戦をもっとも得意とする戦闘機で、理想的な戦術を使って闘っていたのである。アメリカが多くの犠牲の上に立ってこの事実を認識したのは、昭和十七年の初夏からのことであった。

本来軽量化と強度は相反する事柄であり、当然のことながら、軽く造られていた零戦の弱点は、強度不足にあった。零戦とその好敵手たるグラマンＦ４Ｆとの重量は二トン対三トンであるから、その差はきわめて大きい。外観から見ても図面を調べても、Ｆ４Ｆが頑丈であることは一目瞭然であろう。

そこで昭和十七年夏の終わり頃から、Ｆ４Ｆ、そして他のアメリカ戦闘機は、あらゆる戦闘においてこの頑丈さを利用する。攻撃に際しては、高空から逆落しに突っ込んできて一撃し、そのまま高速で逃げ去る。格闘戦でも少しでも体勢が不利になれば、これまた急降下で脱出する。だいたい、低空での格闘戦を徹底的に嫌うようになったのである。こうなると、零戦は得意技を完全に封じ込められてしまった。

さらに昭和十八年に入ると、グラマンＦ６Ｆ、いわゆるグラマンと言われるヘルキャット戦闘機が登場する。これはエンジン出力が二倍、重さも二倍で、旋回性を除けば、あらゆる性能で零戦より優れていた。おまけに大量に戦線に投入されたため、いくつかの空戦を除いて、零戦は全般的に押され気味になる。ヘルキャットの登場で零戦の欠点が露呈したとまで言われるが、問題はその後も零戦がその欠点を補正できなかったことにある。

もともと、速度の点から、零戦は不利なのである。

これを先ほどと同様に数字を使って調べてみることにしよう。航空機の最高速度を決定する最大の要素は、主翼の面積一平方メートルあたりのエンジン出力である。翼面馬力といわれるこの数値こそ最高速度と直結しており、大きいほど有利となる。

ここで前掲の表（六十二頁）を再びご覧いただきたい。指数が一番小さいのが零戦で、Ｆ４

Ｆの八三パーセントにすぎない。格闘戦でさんざん痛めつけてきたＰ38ライトニングにいたっては翼面馬力は零戦の一・八倍で、時速にして一〇〇キロ以上速いのである。これが高空から突っ込んできて一斉射撃し、そのまま速度を利用して逃げ去るとすると、零戦はまったくなすすべがない。せいぜい急旋回してＰ38の射弾を回避するだけで、追撃も不可能なのだから、Ｐ38のパイロットは危険を感じることなく、思う存分射撃に集中することができたであろう。

いったんこの事実がはっきりすると、アメリカ軍パイロットはヒット・エンド・ラン戦術に雪崩をうって移行する。敵の反撃がないに等しいのだから、これを利用するのはごく自然である。

こうして、零戦が無敵に近かった時代は終わりを告げた。昭和十七年八月からのガダルカナルの戦い*を契機に、損害が急増する。それに歩調を合わせるがごとく、戦果も減っていった。

＊ガダルカナルの戦い
一九四二年八月、アメリカは対日反撃の最初の拠点としてソロモン諸島のガダルカナル島を選び、それからほぼ半年間、激戦となった。消耗戦の様相を見せるにつれ生産力の違いが如実に

現れ、日本軍の不利は免れず、翌年一月撤退を余儀なくされた。

日下　零戦の改良の遅れは発注者の責任

飛行機が水平に急旋回すると、その間、主翼は地面に対してほぼ垂直になるから揚力がなくなる。そのとき三六〇度旋回する間に失う高度は翼面荷重に比例するので、高翼面荷重の方はたちまち一〇〇メートルほど下に見下ろされることになる。これが零戦や隼の長所だった。が、ただし最高速度に大差がない場合は低翼面荷重の方が有利という条件付きだったことをいつの間にか忘れていた。

複葉機は翼面積が大きくとれるが有害抵抗が多いので速度が遅い。そこで単葉機にしてしかも翼面積を広くすれば、両方の長所が得られる。この過渡期の傑作が零戦だったのではないか。

零戦の戦果は華々しく言われることが多いが、考えようによっては対戦国がへまをすれば、それで勝ってしまうのが戦争である。そこで大事なのは、対戦国にはへまがあっても修正する力があったのに、日本になかったのはなぜかという着眼点だ。

アメリカ軍に新種の戦闘機が出てからの零戦の苦戦は、昭和十七年の一年間うかうかして何もしなかったことだったと、東条英機が反省している。むろん、東条だけでなく、上級司令部全員がうかうかしていたのだろう。「このまま待っていればドイツが勝ってくれると思っていた」と、これは瀬島龍三氏に直接聞いた話だ。

零戦がもはや活躍できないだろうことは、この頃にはみんなわかっていたはずだ。

エンジンにしても、昭和十二年に瑞星にすべきか金星にすべきか決める時、三菱のなかでは金星にしてくれという意見が出ていた。いまの知恵でいえば二種類造ればよかった。金星を積んだ零戦も片手間に設計しておけば、同時に二種類できただろう。だが、そういうことは秀才のすることではないという考え方があった。秀才は才能があるから一発で当てなければならないのだ。

加えて貧乏根性だったせいか、同時並行でいくつもやってみるという思想がなかった。このごろは電機会社でも新製品の開発方向が三つあって一つに決めようがない時は三つとも造ってみようということになるが、それは日本がわりと金持ちになったからできるのであって、当時は貧乏国で一つしか造れないから、あくまで議論して机の上で絞ろうとした。

結局、甲戦・乙戦*両方に使えるものということになったが、両用機を造れとハッキリ責任をもって言う人もいなかった。発注の責任者が決まっていなかったという集団合議の弊害である。そこで開発に入ってから、関係者が入れ替わり立ち替わり現れては注文をつける。そうしてできたのが零戦で、何とか両方の顔をたてている。

一方、陸軍の二式戦闘機 鍾馗《しょうき》*は重戦の極致で、「なぜこればかり造らなかったんだ」と戦後アメリカ人が誉めた。開発担当だった中島飛行機が、陸軍の予算を当てにせず自分で金を出すと言って開発したのが良かったのだろう。もっともその直前には隼という凧みたいな軽戦を六〇〇〇機も造らされ、資材と人命を浪費している。

先程お話にでたビスマーク海峡の悲劇の頃、すでに陸軍航空隊のパイロットが「凧みたいな」と一式戦を表現している。低翼面荷重の隼は対戦機と同等の速度があれば戦闘機の一種と言えるが、劣速では凧になる。零戦も同じ。敵機と同速が大前提と知ってはいても実行していないのは、発注者が悪い。

*甲戦/乙戦

海軍が定めた戦闘機の用途の区別。甲戦とは敵地に進攻して制空を主任務とする戦闘機(例えば零戦)を指す。乙戦とは防空/迎撃に使われる戦闘機(例えば雷電)のことである。この区別は時代とともに必ずしも明確でなくなった。

*鍾馗・二式甲戦キ44

日本機では珍しく速度、急降下性能を最優先に設計されたが、そのため翼面荷重が多少大きくなり、操縦が難しいとパイロットから嫌われた。

三野

採用が遅れたロッテ編隊

太平洋戦争勃発時、海軍の戦闘機パイロットの約三割が一〇〇〇時間以上の操縦経験を持つA級であって、これが零戦の勝利の原動力にもなっていた。これは大きなプラスといえるのだが、別の面で思いもよらないマイナスももたらしている。それは最小の編隊の構成である。

日本の航空部隊は、小隊は三機、中隊は三個小隊で九機、という単位を原則としていた。大隊という単位はなく、中隊のまま数を増やしていく。三個中隊三つで航空隊（海軍）あるいは戦隊（陸軍）となる。ただしこれは戦闘機や小型爆撃機の編成であり、大型機は二個中隊を基本とする。

ここで議論の対象としたいのは、一個小隊が三機であったことだ。第一次大戦以来、各国とも戦闘機隊はこの編隊をもって戦ってきており、この点からは日本の陸海軍も同様であった。この編隊では小隊長の一番機に対し、二番機が左側、三番機が右側につき、空中戦を行なうことになる。

ところが、ルフトバッフェと呼ばれるドイツ空軍は、第二次大戦の開戦前に新しい編隊を考え出した。ロッテ編隊と称するその編隊では、一個小隊は四機で、それが逆「へ」の字に並ぶ。そしていったん空戦となると、一番機と二番機がひと組、三番目と四番目が別のひと組に分かれて戦うのである。この場合、一、三番機が敵を攻撃し、二、四番機はその後方を掩護する形となる。

後ろに味方機がいるので、一、三番機は敵の攻撃を気にせず、射撃に集中できる。現代の航空戦においても、いったんドッグファイトになれば、ロッテ編隊はきわめて有効と考えられている。もちろん空中戦が激しくなれば、編隊がバラバラになることも珍しくないが……。

まずはドイツ、続いてイギリス、アメリカの戦闘機隊が次々とこの方式の編隊を導入し、体型を維持したまま戦うことを心がけた。日本の陸海軍がロッテ編隊を取り入れるようになったのは昭和十九年の中頃からで、それまではあいかわらず三機ひと組であった。素人が考えても、三機編隊では三番機の存在が曖昧であることがわかろう。

パイロットの腕と戦闘機の能力がほぼ等しくほかの条件も同じだと仮定したとき、従来型の三個小隊（合計九機）に対し、二個のロッテ編隊（合計八機）の戦力はほぼ等しいという研究報告もある。これは戦闘機を例にとってのデータではあるが、ほかの条件を変えずとも編隊の形と組み合わせを変更するだけで戦力を向上させ得るのである。

昭和二十年三月一九日、激戦を生き抜いてきたパイロットたちは、零戦の実質的な後継機である川西Ｎ１Ｋ２紫電改に乗り、アメリカ海軍の艦載機の大群を相手に奮戦し、五二機撃墜という大戦果をあげている。

この戦闘の際、紫電改戦闘機隊は、ロッテ編隊による空中戦を完全に自分のものにしていたと伝えられている。もちろんそれが大戦果の要因のすべてではないが、旧来の三機ひと組の編隊より有利に戦えたのは間違いない事実といえるだろう。戦力を向上させる鍵はこんなところにも潜んでいる。従来の慣習にとらわれない考え方をすべきだという教訓であろう。

日下　戦力の集中、相互協力の失敗は、無線機の不備による

そもそもから言うと、第一次大戦の時はドイツも英仏もパイロットはすべて士官で、士官は貴族出身だった。騎士気取りで一騎打ちをするのが空中戦だったが、第二次大戦になって何十機対何十機の空中戦をするようになると、編隊を戦場へ誘導し攻撃目標を示し、突撃を下令するという仕事が発生した。そこで最上級士官が編隊長になる。

しかし突撃命令後はバラバラの単機戦闘になるのだが、二機ずつのペアは崩すなというのがドイツの有名な撃墜王メルダースが発明したロッテ戦法というやり方で、これは日米ともに真似したが、アメリカはさらに進歩させて、編隊群の上にさらに司令機を一機飛ばせるやり方を発明した。

編隊群とはまず攻撃の主力である電撃機や爆撃機が数十機ずつの編隊を組み、その前方に制空戦闘機隊が先行し、後上方と両側方に護衛戦闘機隊がつくその全体のことで、迎撃してくる日本機の大群への対応を護衛戦闘機群に指示し、深追いを諌《いさ》めたりする。

昭和十九年になると日本も上空に一機だけ浮いている司令機の存在に気がついて特別に狙って撃墜したという思い出話があるが、日本でもそれをやろうということにならなかったのは、無線機が故障頻発で重量だけが負担になったからである。そのため、危険を教えられなかったとか、助けを求められなかったとか、悲惨な思い出話がたくさんある。戦力の集中や相互協力ができなかったのは残念だった（戦後の日本企業の集団合議制や和の経営は、このときの通信の不備の反省から生まれたのかもしれない）。

ともあれ、二機のロッテ編隊を組んでも、うまくいくのは最初の一撃だけだろう。後は混戦になるから、無線機に不備のある零戦は決定的に不利だった。

三野　零戦はあくまで改造型にすぎなかった

昭和十八年の春から夏にかけて、わずかながら『零戦神話』が復活する。ラバウル周辺の戦域に限ったことであるが、いくつかの好条件が重なったのである。

まず、攻守逆転がある。アメリカ軍の攻勢、日本軍の守勢という状態になり、零戦は味方の基地上空で闘うこととなった。ガダルカナル戦のように戦場まで数百キロを進攻し、それから空中戦をこなし、再び数百キロを帰るといった過酷な任務ではない。来襲するのはもっぱらアメリカ側で、零戦は思う存分戦闘を挑むことができる。また当然ながら、敵戦闘機は爆撃機の護衛を主な目的としており、勝手気ままに行動するのは許されていなかった。

これに加えてアメリカ海軍では新型戦闘機の開発が遅れており、旧式になりつつあるグラマンＦ４Ｆがあいかわらず主力であった。新戦闘機であるグラマンＦ６Ｆヘルキャット、ボートＦ４Ｕコルセアが登場してくるのは、これから数カ月後のことである。

この二〇〇〇馬力エンジンを搭載したＦ６Ｆ、Ｆ４Ｕの出現に歩調を合わせるように、日本海軍は零戦の改良型（五二型Ａ６Ｍ５）を投入する。しかしアメリカの二種の戦闘機がまったく新開発であったのに対し、零戦の方はあくまで改造型にすぎず、性能の差はあまりに大きかった。

これ以後、太平洋の空は、日本軍兵士が『熊ン蜂』と呼んだF6Fに覆い尽くされていった。それと対照的に、零戦の姿は急速に減っていくのである。まさに「駿馬、ここに老いる」と言えよう。

＊ラバウル
ニューギニアに近いニューブリテン島の港町。日本海軍の南太平洋における最大の航空・海軍基地になる。ガダルカナルへの出撃もここから行われることが多かった。昭和十八年以降、アメリカ軍の空襲で被害が続出するが、終戦まで数万の兵士がこの地にとどまった。

日下 進攻の時代が終わったが、漫然と作り続けた

お話のとおりで、前に零戦は自ら赴いて戦闘をしかけるというコンセプト革命の産物と述べたが、昭和一八年ごろからは防御戦に移っている。その好例が昭和二十年の厚木航空隊や松山航空隊で、引き上げていく敵の最後尾の二、三〇機だけを相手に、こちらから三〇機か四〇機ぶつけて戦果を上げていた。

もっともこれは、任務が進攻から要地防空に変わっているのに、要地防空を放棄して一矢

報いれば満足というゲリラ的な戦い方だが、そういう戦いをすれば、零戦もまだ使えた。

東京上空で戦う際、厚木基地に並ぶ零戦と雷電のどっちに乗ってもいいと言うと、けっこう零戦の方が好きだという人が多かったそうだ。慣れていることもあるが、上昇力がＦ６Ｆに負けない。雷電は着陸がむずかしいし、空戦中にスピンするくせがあったからだ。敵は長い距離を飛んできたばかりだが、こちらは味方の上空で迎撃するだけだからガソリンも少なくてもよく、ハンディキャップがだいぶん楽になっている。

それから戦争末期に日本の飛行機が活躍したのは、アメリカ側が低空まで降りてきてくれるようになったからだ。日本の飛行機が三〜四〇〇〇メートルの高度では強いことを百も知っていたが、撃墜したいから降りてきたのである。だから、戦えた。もともとそういう戦い方をすればよかったのである。敵地へ進攻して航空撃威戦を展開することをいつまでも期待していた連合艦隊の参謀や、司令長官の山本五十六が無理である。早くいえば無能。

第一、ソロモンやニューギニアなど、なぜあんな遠くで戦争をしたのか。敵は必ずやって来るのだから、台湾や小笠原で待っていればいい。にもかかわらず、遠くの戦場までくたびれ果てながら飛んで行く。

あのとき冷静に考えれば、航続距離を短くしてもよいから、何はともあれ空中戦に勝つ工夫を重ねるべきだった。航続距離が短くなった分はレントバ島などに中継飛行場を造ればよい。何も一〇六〇キロも離れたラバウルから主戦場のガダルカナルまで飛んでいくことはない。実にばかげた話で、ガダルカナルを断固として取り返すというが、そのためにどうするかという段階で思考が足りない。

進攻の時代はすでに終わっていたのだから、後はひたすら防御するんだと割り切るべきだった。負け続けで自信をなくしていながら、もう一度もう一度と漫然と作戦を続けたのが一番の責任問題と言える。

いっそのこと軍隊を全部ラバウルまで引き上げ、そこで防空戦をやることに変更してしまえばよかった。そうすれば雷電だけあればよく、制空戦闘機としての零戦はもはやいらない。

第4章 グランドデザインの選択

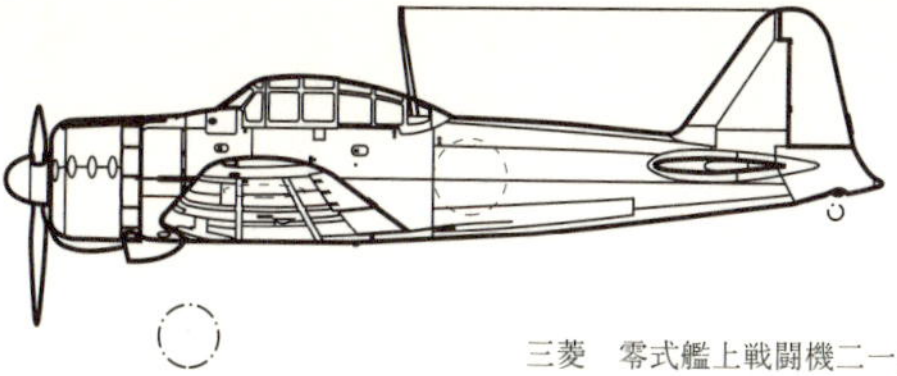

三菱　零式艦上戦闘機二一型　9.05m　1/150

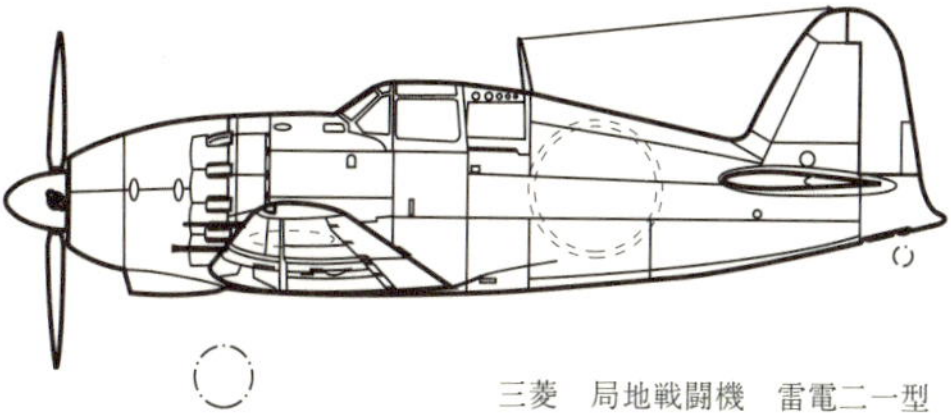

三菱　局地戦闘機　雷電二一型　9.70m　1/150

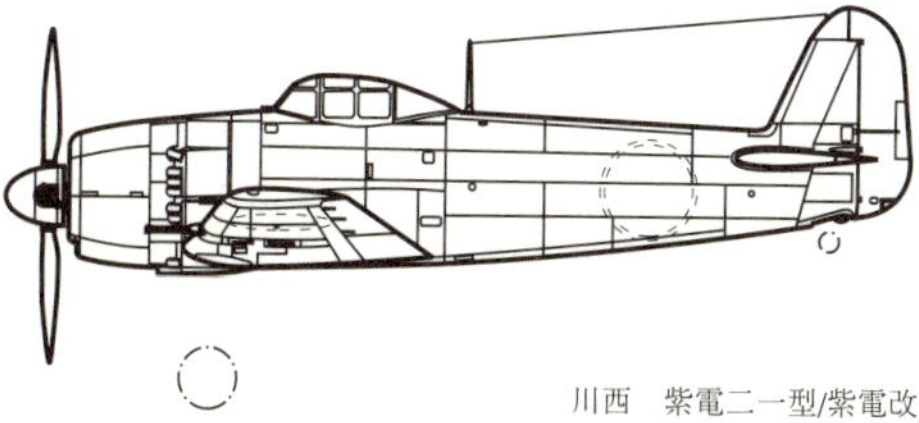

川西　紫電二一型/紫電改　9.35m　1/150

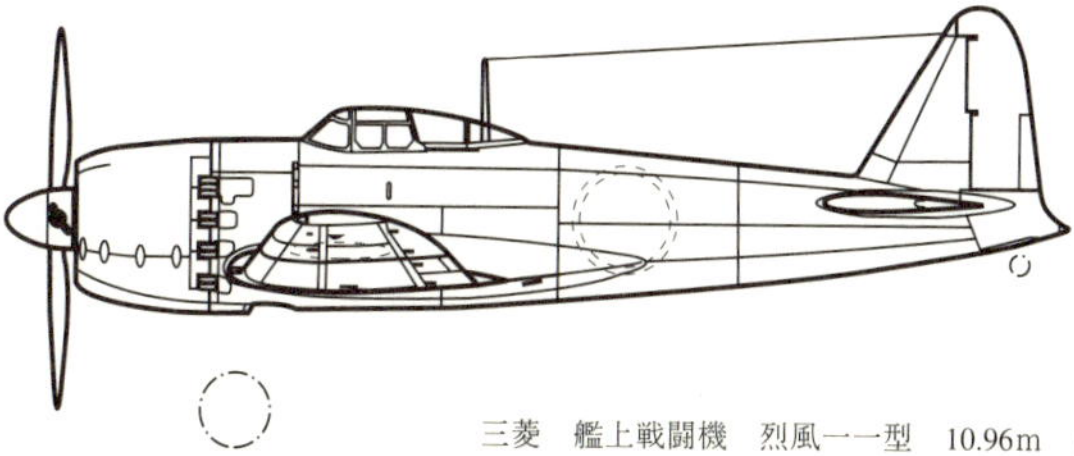

三菱　艦上戦闘機　烈風一一型　10.96m　1/150

海軍の戦闘機の変遷

三野 増槽という発想が長大な航続力を実現させた

零戦の最大の特徴である航続距離を実現させたのは、ひとつは搭載された栄エンジンの燃費の良さだが、もうひとつの要因として落下式の燃料タンクにも注目したい。

零戦以前にもいくつかの航空機に試験的に使われてはいたが、本格的に採用されたのは零戦が初めてで、制式化されたもっとも初期のタイプである一一型から装備されている。

機体内と主翼内の各一個にそれぞれ一九〇リットル、胴体内の一個が一四五リットルと合計五二五リットルの燃料が積めたが、落下式燃料タンクが加わるとさらに三三〇リットル、単純に計算して六三パーセント増える。実際には増槽をつけた分空気抵抗も大きくなるから、航続距離の増加は五割程度であろうか。この増槽の存在は長距離進攻や長時間滞空の際、パイロットにとって少なからず助けになった。

第二次大戦中、欧州、太平洋の両戦線とも、航空機の航続距離不足という問題に常に直面していた。少しでも長い距離を飛行しよう、滞空時間を延長しようとしても、ガソリンを燃料とする航空用エンジンはいずれも大喰《ぐら》いで、これを妨げてしまうのである。この問題を解決するひとつの手段が、この増槽だった。

ドイツのメッサーシュミットＢｆ１０９は、フランス西部―ロンドン間の一八〇キロという短距離進攻でさえ航続力不足を嘆いた。バトル・オブ・ブリテン*でのメッサーシュミットは増槽をつけておらず、ロンドン上空まで行った時に滞空できる燃料が一五分しかないということになれば、パイロットは無事に帰ることしか頭になくなる。自動車と違って飛行機の場合燃料が少なくなったら焦るだろうから、敵と戦うどころではない。その点零戦は充分に対応できたと言える。

増槽の存在によって、零戦はラバウルからガダルカナル間の約一〇〇〇キロをともかくも往復し、戦闘に参加したのである。戦争の中頃からアメリカ、イギリス、ドイツの戦闘機はすべて増槽を装備するが、なぜ早くからこれに気づかなかったのか、その理由について資料は何も示していない。

＊バトル・オブ・ブリテン
一九四〇年七月から九月にかけて、イギリス本土および英仏海峡上空で行なわれた英・独空軍による大空中戦。イギリスへの侵攻を計画するドイツの大航空攻撃であったが、イギリス戦闘機隊の健闘により失敗に終る。ドイツ空軍の損失九五七機、イギリス空軍の損失七一五機。

日下　不備が目につく零戦の装備

日本が増槽で先鞭をつけたのは、中国大陸での戦争がヨーロッパより二年早かったからだろう。奥地へ奥地へと逃げる中国軍を地上軍で追うのは予算を食うから、飛行機で追っかけたためである。

零戦は当時の最新式飛行機だったが、その装備を見ると、まず、プロペラについては三、四年遅れていた。昭和十四年はまだ何でも金で買えたのでハミルトンから可変ピッチプロペラの技術を買ったが、その後日本では進歩しなかった。アメリカは次のプロペラについては図面だけ売って、その工作機械を売ってくれなかった。工作機械を国産化するための工作機械をドイツかスイスからただちに購入すべきだったと思うが、そういう発想はなかった（川西航空機にはその発想があったが）。ガダルカナルの頃の日本の飛行機を見ると、なんでこんな古いプロペラをつけているのかと思えてならない。当時のアメリカの零戦観察記にもそう書いてある。

このように、純粋に零戦の装備についてチェックしてみると、かなりの不備が目につく。

また、防弾鋼板がお粗末な限りである。なぜなら当時、日本は軍艦用の防弾鋼板は大いに考慮したが、飛行機用のものは誰も研究していなかった。特に零戦では軽量化を徹底して追い求めたため、重量が増えるとして嫌がられた。

分厚くなるのは嫌、薄くなると効果がない、というのなら、耐弾性について研究を重ねなければならないのに、それもしていない。そして、昭和十八年に損害が増えて少しは防弾をしようかと言うときは、すでに国内にはタングステン（きわめて堅い金属）などの材料がなくなっていた。だったら、役に立たない戦艦の鋼板をはがしてくれればよかった。

もっとも、「零戦は防弾装甲が弱かったが、なぜそれを開発段階で考えなかったのか」としたり顔で書く人がいるが、ここには三つの誤りがある。

第一は、昭和十二年の設計開始時点で、防弾鋼板をつけた戦闘機は世界中どこにもないという事実がある。日本だけを責めることはできない。

第二は、しかし先見の明をもって指導しておけばよかった――と言えばそれはその通りだが、しかし世界各国とも、防弾鋼板は現場のパイロットが自発的に装備し始めたのであって、日本海軍や堀越が特に鈍感だったとはいえない。

それに、敵機より圧倒的に高性能であれば必ずしも必要ではない。むしろ、防弾鋼板の重量五〇キロによる性能低下の方が危険ともいえる。他に前面の防弾ガラスに二〇キロ必要ということもある。それは重装甲なのはよいが鎧兜《よろいかぶと》が重すぎて立っているのがやっと、という武者を想像すればわかる。

第三は、性能互角を予想されるアメリカ戦闘機との戦いに防弾装置が必要かどうかで、ここで登場するのが旧日本軍を呪縛していた決戦思想である。これについては後ほど詳しく述べようと思っているが、戦争を短期決戦と考え、飛行機による進攻も一回だけの突撃と考えていたとすれば、その場限りで飛行機を失ってもかまわないのだし、パイロットも死ねばいい。これは人命軽視ではなく任務重視なのであって、死ぬことで任務が遂行されればそれで良いというのが、司令官や戦闘機パイロットの美学だった。

三野 すべての機械製品は妥協の産物

よく言われるように、日本軍の戦闘機、いや軍用機のすべてにおいて、防御に対する装備が不足であった、との評価がある。たしかにそのとおりで、零戦の初期型には操縦士を敵弾から守るための防弾板もなく、燃料タンクの自動消火装置もついていなかった。このため、一発でも敵弾が命中すると、当たりどころによっては致命傷となる場合があった。一方アメリカ軍の戦闘機はいろいろな防弾装備がついていて打たれ強かったことは、多くの記録が証明している。

しかしながら、防弾に関する教訓が現在の兵器に活かされているかというと、どうもそうでもないようだ。

ソ連が造っているBTR60／80装甲車など、なんともよくできている。アフガニスタン戦争などでさんざん実戦で鍛えられているから、防御するということをよくわかっていて、零戦もこうすればよかったと考えさせられる。

一方、新しく自衛隊が造った八輪装甲車は、最新式と言われて見せてもらったことがあるが、なにこれ、という感じだった。なぜBTR60／80を勉強しに行かなかったのだろうか。日本製の装甲車は一台八億円だが、ソ連製ならほぼ同じ性能のものが三～四〇〇〇万円で買える。ソ連から一、二台買って、ここはこう違うんだと研究してもよさそうなものだ。

これは、研究の主体が自衛隊ではなくてメーカーであることと、基本的にそんなことは必要ないと思っているせいもあるだろう。予算も限られているだろうから、メーカーも優秀な社員をまわさない。だが予算がないといっても、簡単な防弾とか車体形状とか、もうちょっと考えればいいのに、と感じてならない。

もっとも、零戦の防弾設備の貧弱さは、長距離性能の優越と相対的に論じられなくては不公平であろう。すべての機械製品は妥協の産物であるとは古くからいわれていることだが、戦闘機も当然これにあてはまる。

前述の防弾板はともかく、燃料タンクの防御は技術的にもかなり難しく、また重量もかさむ。となると軽くして性能向上を図るか、重くとも防御力を増すか、どちらか一つの選択となる。もし強力なエンジンがあれば問題は一挙に解決できただろうが、日本にはそれがなかったのだ。

大戦初期に主力となるエンジンの出力は、日本の場合九五〇ないし一〇〇〇馬力であったが、アメリカ、イギリス、ドイツは一二〇〇馬力あった。二〇〇馬力の差は少ないようにも見受けられるが、必ずしもそうとは言いきれない。この出力を防弾装備に当てられると考えれば、零戦、そして一式戦隼の戦闘力は大いに向上したはずである。

航空用エンジンについては、常にアメリカ、イギリスが技術的に先頭をいき、続いてドイツ、その後日本、ソ連、イタリアが追うといった形であった。* そして、単に出力だけではなく、信頼性からみても、米、英のそれは他国を大きく引き離していた。

エンジンの出力が限られていれば、必然的に重量に歯止めがかけられる。そこで燃料を減らし、その分を防弾装備に振り替えるか、それとも戦場が太平洋という広大な海洋であることから航続力を重視するか、議論は徹底的に行なわれたはずで、その結果が航続力大、防御力軽視となったのである。事実、ある程度強度を上げ防御力を増やした五二型では、航続力は一九〇〇キロと大幅に減っている。

重量の制限がある以上、零戦の防御力や防弾装備の不足を一概に非難することはできない。零戦は、太平洋という戦場を想定して誕生した戦闘機なのだ。

プロペラについては、日本の技術は、欧米から見ると三～四年遅れていた。紫電改などは、プロペラを変えただけでかなりよくなるんじゃないか、と言われる。

定速プロペラとは、簡単に言えば、どのような状態でも自動的にプロペラの角度を変え回転数を一定にしたまま最大推力を発生する装置で、正確には定回転プロペラである。自動車でチェンジレバーを変えるのは、エンジンの回転を常に適当な値に保つためである。日本の自動車では、なるべくトルクカーブをフラットにして、三〇〇〇回転でも五〇〇〇回転でも変わらないように造っている。一方、スポーツカーはトルクカーブが山なりで運転がうまいかへたかがすぐにわかる。

日本が、手動式の可変ピッチから定速プロペラの切り換えを行なったのは、零戦の頃だ。陸軍の戦闘機、疾風も定回転にしたが、その具合が悪くて困ったという。いまの技術から見ればそんなに難しいと思えないが、当時では難しかったのだろう。このシステムが重たくなってもいい、ということであれば、風車のピッチ制御と同じだから、比較的楽だっただろうが。

電動式か油圧式かの問題もあって、日本の油圧式がみんな具合が悪かったのは、加工の精度が低かったからである。いまでも、油圧式の定速だと、オイルが漏るようなことがある。

＊日本の航空用エンジン
日本の航空用発動機はほとんどが空冷星型であった。小型では単列七気筒、その後複列一四気筒が主流となる。出力は最大で一九九〇馬力。陸軍はハ一〇〇と記号で呼んだが、海軍は栄、誉、火星、金星と愛称をつけている。

日下 エンジンが機体、デザインを決定した

エンジンのキャブレーター（気化器）についても、零戦が採用したフロート式では、突っ込んで頭を下げたとき、フロートが浮いてエンジンが一時止まりかける。ドイツのメッサーシュミットのエンジンは直噴射で、それがないから加速がよく、軽々と敵機に追いつけたという。

これは第二次大戦直前のパリの航空ショーの時に発見された現象で、イギリスのスピットファイアが地上すれすれで横転して逆さになった時、排気管から黒い煙が出た。つまり、一時的に不完全燃焼をしているのである。それをドイツ人が見ていて、よし、これだったら勝てると考えた。

メッサーシュミットでは、液冷エンジンを使うこと、二〇ミリ機関砲をプロペラの軸のなかを通して打つことが前提で、これがその後の開発の方向を決定づけた。この二つの条件から、翼に機関砲は載せず、その分、翼はすっきり軽く造る。そのため脚も胴体につけ、翼につけない。メッサーシュミットの性能では翼の軽さが効果を上げている。

一方、日本の海軍は機関砲を翼につけると決めた。空冷エンジンだから中空のプロペラ軸というわけにはいかないのである。機関銃の分だけ翼を丈夫にする必要があるから、丈夫ならば脚もそこにつければよいではないかと、その下に脚が取りつけられる。そこで両脚の間隔が広くて安定がよかった。メッサーシュミットは間隔が狭くて着陸がむずかしかった。

ヒットラーは機体の中心線に置いた機関砲は命中率がよいと信じて、このやり方に固執した。空軍元帥だったゲーリングはゴマすりだから何も言わなかったが、それでは機関砲は一丁だけになってしまう。日本でも、陸軍は二〇ミリ機関砲をプロペラの間から発射したが、海軍は機関砲弾がプロペラに当たっては危険と考えた。同じ日本なのだから技術力は海軍も陸軍も同じはずだが、海軍ではプロペラの回転圏内から発射するのは七・七ミリと十二・七ミリに限った。一方の陸軍は二〇ミリでもどんどんやった。陸軍の発注者に度胸があったということか、それとも海軍が慎重すぎたということか。

三野 細かな技術が戦闘機の性能に大きく影響

戦闘機のエンジンを空冷にするか液冷にするかは、非常におもしろいテーマだ。海軍の戦闘機には液冷がまったく使われておらず、空冷しかないと割り切っている。日本の陸軍は三式戦だけ液冷にしたりしている。このあたりの思想ははっきりしたものである。空戦に関して言えば、被弾をした場合、冷却器があるとやられやすいのはたしかだ。

航空用エンジンにはキャブレターがついており、重力で下に引っ張られることできちんとガソリンが吹き込まれるしくみだ。ところが、戦闘機は背面飛行もするわけだから、逆さまになった時のことを考える必要が出てくる。

これにはさまざまな方法があり、たとえばドイツ戦闘機はすべて噴射タイプで、飛行機がどんな状態になっても定量のガソリンがシリンダーに吹き込まれる。零戦ではフロートタイプが採用されているが、これにはいくら制限装置がついていても限界がある。このあたりが性能にどう影響を与えていたかはカタログでは出てこない。同じ方式を採用したスピットファイアも、突っ込み加速が悪いという弊害となっている。

結局、最初スロットルを思い切り入れた時の反応時間、レスポンス・タイムが長い。敵に急に襲われたときスロットルを力いっぱい押し込むのだが、このさいフロート式はどうしても一瞬タイミングが遅れるくせが残る。

このような細かな技術が戦闘機の性能に大きく影響することはある。例えばF4Uコルセアが第二次大戦後も現役として残ったのにグラマンF6Fが早めに引退したのは、F4Uの方が低翼で爆弾の取り付けが楽だったためではないだろうか。最新鋭のF22ラプター*も同様で、航空自衛隊で使っているF15イーグルと外観は似ているが、爆弾倉が胴体のなかにあり、巡航速度が全然違う。F15では爆弾をいっぱい積むと八〇〇キロになるが、F22は爆弾を積んでも音速を突破でき巡航速度も大きいので、航続距離をかせげる。

強度計算の際、飛行機は常に安全係数*で造るのだが、驚いたことに旅客機はその値として一・八Gぐらいしかとっていない。曲技用飛行機ではマイナスは八G、プラスが一〇Gぐらい、現在の戦闘機は六Gぐらいである。それからみると、F6Fは六・七ぐらい、零戦に至っては三・七程度である。結局、この数字は急降下の制限速度などに影響しており、どこまで我慢するかということになる。堀越はこの点について、そもそも三・七という数字の意味するところについて、検査官と大議論をしている。

＊F22ラプター

二一世紀前半の主力となるアメリカ空軍の新型戦闘機で、三八〇機が製造される予定である。現用のすべての戦闘機を凌駕する性能を持ち、かつレーダーに映りにくいステルス性を兼ね備えている。

＊安全係数とG

航空機の安全係数は「その機体重量の何倍の力がかかっても大丈夫という数』で決められる。六Gとは機体の重さの六倍まで耐えられるという意味である。

日下 人命軽視というより任務重視

零戦は中国大陸での爆撃掩護戦闘機だったと思う。そのための航続距離は太平洋戦でも役に立ったが、これは上層部が悪用したというべきである。

それから人が言わないことを言えば、速度と運動性が優れていれば防弾鋼板は不要だとも言える。防弾鋼板と防弾ガラスの合計で重量が七〇キロも増加すると運動性が低下して、かえって敵に後方にまわられるということもあり、Ｂ29の迎撃戦の際、調布の陸軍航空隊ではパイロット自らが飛燕の防弾鋼板を外した話もある。人命軽視というより任務重視と考えた方が当たっている。

なによりの不備は通信機器だろう。一例だがアメリカのクルシー社の無線帰投装置を買ったが、何百台しか買わなかったから、初期の零戦にはついていたが、途中でなくなってしまう。方向探知器の一種で、特定の地点からの電波をアンテナで受けながら正しく受信できる方向に向かう方式だが、実際に零戦に乗った人に聞いたところ、「雲の上を飛んでいても、とにかく基地方角だけはわかる、目的地にさしかかったらちゃんと真下を指す、あんないいものはなかった」と言っている。

無線機がないと、編隊内の意志の疎通が難しくなる。空中戦ではお前危ないぞとわかっても、教えられないというケースが出てくる。さらに、ブーゲンビル島沖海戦あたりからは、アメリカ側は対空砲火にもマジックヒューズ*を使うようになるから、攻撃する側の日本機は大変だった。

それから、無線機を搭載するのなら、地上がいい情報を与えなければいけないが、実際はお天気情報程度しか提供していなかったようだ。下からＧＣＩ（無線の指示による迎撃システム）で空戦を指導することも昭和十九年くらいから九州防衛で始められているが、「敵編隊はただいま下関上空」とか言っていた一般ラジオ放送と変わらない程度だった。

それではなぜ無線機がダメだったかというと、これは、ただただ、真空管の性能がバラバラで質がよくなかったせいである。「カンよし、メイよし」などと言っていたが、カンもメイも悪いのが多かった。ちなみに、カンとは感度、メイとは明瞭の度合いのことだ。

真空管は電探《レーダー》射撃にも使われる重要な部品だったから、ぜひとも品質を上げるよう方策をとるべきだった。海軍がレイテに行く前、スマトラ島の泊地で電探射撃の練習をしているが、発信する真空管と受信する真空管の特性が合わなかった。特性が合わなければレーダーの精度が出ない。そこで、東芝から買ってきた真空管が何百と箱詰めになっている中からテストして、特性曲線が一番よく似ているのを二つ、「これは決戦用」といって取っておいた。

二本ずつセットにしてとってあるので「御神酒どっくり」と呼んだと、ものの本に書いてある。練習では、特性が合わない二本でいい加減に練習したのだろう。それから主砲を一斉射撃したらそのショックで狂ってしまった、とか、そんなことも書いてある。

私に言わせれば、東京六大学野球をもっと奨励していれば、無線機も電探もよいのが国産でつくれたのである。というのは、それを聴くために日本中がラジオを持てば、ラジオ産業が発展して製造技術が進歩し、真空管も安定したものが供給できたはずだからだ。ラジオが普及しなかったのは国民的イベントがないからで、当時なら東京六大学野球がぴったりだった。

　甲子園野球でも大相撲でも良いがそちらは年に一、二回のイベントだから、長期間連続してやっている六大学野球とその延長であるプロ野球がもっともよいだろう。だが、当時は学生は勉強せよと弾圧したので、ラジオの需要がさほど伸びなかった。そのため、理論では追いついても製造ではだめだった。

　余談をつけ加えれば、どうしてアメリカの電波技術がそんなに進歩してヨーロッパを越えていたかというと、『ブロードキャスティング・インダストリー』と呼ばれるラジオがあったからである。それからなぜラジオがアメリカにだけ発達したかというと、それは広く放送する全国民共通の関心事があったからで、これは階層社会ではなく民主主義の国だったということと、プロ野球の存在が大きい。野球はラジオ放送用にぴったりのゲームで、場面を区切ってプレーするから目で見なくても面白いのである。

　アメリカのプロ野球は学生野球から誕生し、それを越えて発達したのであって、日本でも大正から昭和へかけて同じ歩みがあったのに、アメリカほどにはならなかったのが残念無念である。大正時代に早大や慶大の総長のところに押しかけて、「学生が野球をするとは何事か。禁止せよ」と書いた新聞の罪は大きいと考えている。

風が吹くと桶屋がもうかるような話だが、『レジャー産業を白眼視すると戦争に負ける』という逆説が、長期的には成り立つのである。

＊マジックヒューズ（近接信管）

アメリカが原子爆弾同様、全力を投入して開発した対空砲弾用の信管。敵機の近くを通過するさい、確実に爆発し撃墜する。命中率はそれまでの時限式と比べ六倍まで向上し、日本軍の攻撃機阻止に効果を上げた。

三野　空戦は組織戦にもかかわらず無線がなかった

零戦には当初無線機がついていたはずだが、重慶空襲（昭和十五年秋）の頃にさかのぼっても使ったという戦記を読んだことがない。これは戦闘遂行上便利だというメリット以上に、四〇キロという重量をパイロットたちが嫌ったためだろう。六〇キロ爆弾というのがあったくらいだから、当時の無線機はかなり重い。

零戦がどの程度の容量のバッテリーを積んでいたかどうかはわからないが、もしエンジンの発電機の直流電流を電源にしていたなら、無線機を使うのは大変だったろう。発電機は回転数に応じて発電量が増えるから、いったんバッテリーにためないかぎり安定して使えない。

ピエール・クロステルマン*というフランスのエースの空戦記には、イギリスの基地部隊がレーダーで空中戦の状況を見ていて、無線でパイロットに「三時の方向に敵機が見えるはずだ」と教えるシーンが出てくる。下から見ていれば、「何番機、右へ曲がれ」「左に曲がれ」と注意できる。これと坂井三郎の空戦記録をあわせ読むと、軍事技術の水準が全然違うという感じがする。日本は飛行機同士の会話さえできないくらいなのだから。

坂井の記録には無線など必要はないという記述もあるが、常識人の感覚では少し強がりが過ぎる気がする。それでは遠くにいる味方機とどうやって連絡するのだろう。手信号があるといっても、そう遠くまで見えるものでもない。子供の頃彼の手記を読んでいて、編隊を組んで平穏に飛んでいるときはよいが、空中戦が始まったら味方同士の連絡をどうするのかと疑問に思ったものだが、それでも零戦が勝ったことに、少し元気づけられることもあった。

無線がないということは、防御上危ないという面もむろんあるが、システムとしての戦闘ができないという決定的なマイナスの部分を持つ。空戦は組織戦なのだから、通信手段がないのは致命的だ。
例えば、ビスマーク沖海空戦*がよい例だ。零戦が四〇機もエスコートについていたのに日本の輸送船団が全部やられたのは、B17爆撃機の迎撃のため上昇している間に、低空をやってきたB26攻撃機の反跳爆撃にやられたからだ。このとき、無線があって「やられはじめた」と上空の護衛機に伝えられていたら、隼も零戦もいっぱいいたのだから、反撃ができたはずだ。この戦いで日本軍には珍しく多数の護衛戦闘機をわざわざつけていたのにこの結果とは、結局のところ、戦争というものをきちんと知らなかったのだろう。

*ピエール・クロステルマン
フランス空軍の中尉で、のちの教育相。ドイツ軍侵攻でイギリスに亡命し、戦闘機パイロットとなる。ドイツ機三十三機を撃墜。戦後、手記『撃墜王』、『空戦』を発表。

*ビスマーク沖海空戦
昭和十八年三月三日、日本軍はニューギニアでの戦闘に備えて輸送船八隻を送り込んだ。駆逐艦八隻、戦闘機数十機の護衛がついたが、アメリカ陸軍航空隊の攻撃を受け、輸送船すべてと駆逐艦半数が沈没。この際アメリカ側は、爆弾を水面でジャンプさせる新しい爆撃法を実行した。

第5章　ものづくりの中の人間性

初期の零戦の美しさが際だつ運用試験中の１１型

三野 空中給油という発想

先に増槽という発想を誉めたが、ほかに方法はなかったのだろうか。状況によっては落下タンクを上回る効果を発揮するのが、現在ではごく普通に行なわれている空中給油である。燃料を満載した航空機（タンカーと呼ばれる）から、腹をすかせた別の航空機に長いパイプを使ってこれを短時間に送り込む。空中給油の技術は一九二〇年代終わりにアメリカで実用化され、世界に知られていた。ところが第二次大戦では、軍用機、特に戦闘機の航続力不足がさんざん言われていながら、どこの国もこれを取り入れようとはしなかった。

先に示したごとく、ヨーロッパ諸国の戦闘機の航続力は貧弱で、空中戦を実施した後、無傷であっても燃料不足により不時着するものが続出した。さらに、爆撃機が敵地上空で相手の戦闘機に襲われることがみすみすわかっていながら、護衛戦闘機は足の短さゆえに随伴できなかった。

もし空中給油が実施できれば、これらの課題が一挙に解決できるだけではなく、迎撃戦闘の際の滞空時間を延ばしたり、爆弾搭載量を増やしたり、いろいろな面で有利となる。にもかかわらず、日本を含めた列強各国とも、空中給油システムを採用しないままに終わってしまった。

当時の軍用機、なかでも単発の戦闘機は前方にプロペラがあるため、空中給油は不可能と考える読者もおられるかもしれない。だが、これまた発想の転換をはかれば、何の問題もないのだ。

給油機の尾部からパイプを伸ばし機首のプローブ（給油パイプの受け口）で受けるのは、もっぱらアメリカの方式である。たしかにこれでは単発プロペラ機は無理である。だが、発想を変え、受け側のプローブを主翼の端に取り付ければどうだろう。特に問題なく空中給油は可能で、現に旧ソ連と現ロシアはいまでもこの方式を使っている。要は、用兵者側が本当に勉強し、実用化に向けて努力しているかどうか、あるいは発想を新しくできるかどうかにかかっていた。

現にアメリカが新しく開発したF22ラプター戦闘機のプローブは、なんとパイロットのいるコクピットの後方、つまり戦闘機の背中の中心に取り付けられている。

第二次大戦中、イギリス本土からドイツ爆撃に向かうアメリカ、イギリスの大爆撃機編隊は、P51ムスタング戦闘機が登場するまでの間、裸の状態で出撃を繰り返し、最悪の場合一日で五〇機以上の爆撃機を失った。その大部分が、一機のエスコートもないためドイツの戦闘機に射ち落とされたのである。

この場合、フランス上空に空中給油機を待機させておき、戦闘機の行き帰りに給油できれば、爆撃機の損失は半減したことだろう。ドイツ本土に対する昼間爆撃を二年にわたって続けたアメリカ空軍爆撃隊は、三〇〇〇機近いB17、B24を撃墜され、乗員二・五万人を失った。このうちの八割がドイツ戦闘機による損害であったことを考えると、やはり空中給油機の開発と配備はどうしても必要であった。

アメリカ軍、なかでも空軍の首脳がこれに気づかなかったのは、最大の失敗ということができる。技術的に不可能であったならともかく、戦争が始まる十年以上も前に実用化されていたものなのだ。

いついかなる時であっても、新しい発想を持つこと、これまでの考え方とは別の方法を見つけだすことの重要性を、この空中給油をめぐる話題は、再度認識させているように思える。いまや日本も金持ちになったわけだから、失敗や無駄金を恐れず枠にとらわれない発想を出すことができるはずだ。

日下 なぜ空母にカタパルトを使わなかったか

面白いご指摘で同感である。発想の転換が必要という別の例として、山本五十六のエピソードをあげよう。

堀越二郎は零戦を設計しながら、次のようにぼやいたそうだ。『この開発には、前提として大きな枠がはまっている。日本の航空母艦の甲板の長さが短いという枠だ。いくら空母が三〇ノットの速度で走るとしても、二五〇メートルでどうしても浮き上がらないといけないとなると、翼面積が大きくなり、重さも重くできない。それで上昇力だけはやたらにある飛行機になる。上空に上がったらそれが長所ということもあるが……』。

そのことを聞いた山本は、『ああそうか。航空母艦というのは零戦のためにあるのだから、では大きい航空母艦を造ろう。甲板の長さ三〇〇メートルの航空母艦を造ればいいではないか』と言った。しかし、最高責任者である山本がそう言ったにもかかわらず、長さ三〇〇メートルもの航空母艦を造る大変さが先に立ち、すぐには実現しなかった。大和・武蔵を空母に転換しようとはまだ言い出せなかった。実現したのは昭和十九年、信濃のときである。なお、零戦自体は七〇メートルで離陸できるが、それは空母甲板の後方に雷撃機や爆撃機を並べるという前提から要求された性能である。

それにしても、甲板三〇〇メートルが大変だというなら、カタパルト*を使った防空専門の空母を作ればいいと、なぜその時考えつかなかったのだろうか。いまの航空母艦はみなカタパルトを使っている。蒸気の力で引っ張って打ちだせばいいのだから、ハイテク技術は必要ない。やろうと言って取りかかれば、すぐにできる技術である。巡洋艦や戦艦にはカタパルトがあるのに、なぜ航空母艦では使わなかったのか不思議だ。

スキージャンプ式航空母艦でカタパルトを使って、戦闘機を連続して打ち出せば能率がいいし、小さな空母でも、過荷重の艦上攻撃機である天山が使える。これができなかったのは、頭が固いというものだろう。あの頃は「着艦して来る機がある。前のほうに並べてある飛行機に追突されては大損害だ」というので、衝立を立てる。「ここへ着艦しろ。失敗したらお前死ね」だった。本当に、スキージャンプとアングルデッキ（斜め甲板）さえつけておけばと思う。

そのへんがおかしかった。零戦の性能が良すぎたからか、堀越二郎が他人の領分まで口出しをしなかったからか、あるいは問題点を零戦の側で何とか解決してしまったからか。いろいろ原因は考えられるが、その結果はかえって悪いほうに向かっている。

枠にとらわれない発想がなかなかできないのは、いまの日本も同様である。

＊カタパルト（航空機射出機）

本来は古代の戦争に使われた投石器のことであるが、ここでは軍艦から航空機を射ち出すシステムを指す。アメリカ、イギリスは早くから技術を確立していたが、日本海軍は実用化できずに終わった。

三野　零戦の美しさは量産向きではなかった

零戦は各型合わせて一万五〇〇〇機も製造されたが、日本製の航空機ではまさに空前絶後の数である。第二位の一式戦隼が五七五〇機であるから、零戦の数の特異さがわかる。ともかく日本という国は、官民一体となって必死に零戦を造り続けたのである。

ところで、軍需産業は容易に大きな予算がつくという面も含め、時代を引っ張る部分があるのはさまざまな歴史で見られることだ。第一次大戦以後、軍事産業に熱心だったのはソ連で、その次がイギリスだ。フランスもまあまあで、ドイツなどは平和なものだった。

戦後になってからのイメージだとアメリカは軍事大国だが、この頃はまだそうではない。もともと当時のアメリカは自国優先、他国には我関せずのモンロー主義だった。

アメリカは第一次大戦の最後に参戦するが、兵器はみんな借り物で、主力の戦車はフォード三トン型と称されてはいたが、フランスのＦＴ戦車*のライセンス生産型だった。軍用機についても大部分をフランスから借りて参戦している。トラックだけは国産の車両を持っており、「アメリカ製のトラックでもちゃんと走るのか」と、ヨーロッパの人々はびっくりしたという。ところがこれがよく走って、故障もしなかった。

それだけのエンジン、車両の技術があったから、軍事技術へのシフトも短時間で済んだという部分はあり、アメリカの軍事技術は一九三〇年以降急激に成長した。革新的な考えの軍人ドウリトルとかミッチェルあたりから急に頑張り、ダグラスDC3輸送機／旅客機になってから、一躍世界のトップへ躍り出る。つまり転換能力がすごいのだ。

ただし、戦闘機を見ると、ノースアメリカンP51ムスタングが出てくるまで、海軍は別として、陸軍の単発戦闘機というのは駄作ばかりといってもいい状態だった。当時アメリカ陸軍航空隊はのちに空軍として働いていたが、肝心の戦闘機がみんなパッとしない。数ばかり造って、零戦とかムスタング、スピットファイアとかメッサーシュミットが出てこない。大袈裟な言い方だが、零戦の登場がアメリカの軍事産業を目覚めさせてしまったということもできる。

ところで零戦が造り易い飛行機であったかどうかという点については、いまだに論争が続いている。これを明らかにするには、零戦一機を完成させるのにどの程度の労力を必要としたのかを算出しなければならない。詳しい資料は残っていないが、初期には五万工数、後期には三万五〇〇〇工数とみればよいのではなかろうか。

工数とは当時使われていた単位で、一人の人間が一時間働けば一工数となる。欧米でも同じような計算式を取り入れており、一マンアワー（Man Hour）という単位を使っていた。

日本の他の戦闘機の工数は不明だが、零戦と大差ないものと思われる。一方、アメリカをはじめとする列強の主力戦闘機もまた、零戦同様で五万工数といわれている。ただし傑作機といわれるP51ムスタングについては設計の省力化が進み三万マンアワーですんだというデータもある。したがって造り易さという点で、零戦はごく平均的な航空機といってよい。

ただし、曲線を多用した外観はなんとも工作しにくい印象を与える。主翼の翼端や垂直尾翼の後のラインなど実に優美な流れとなっており、これを造るとなると、直線だけの構成と異なり大変手間を喰うはずである。

「いや、決して難しくない」という人もいるだろう。だが、F4Fと平面図を比べて見れば零戦が量産向きでないことがわかるだろう。それでもまだ造り易いと反論する人は、ラジオコントロールの模型でも実際手掛けてみてほしい。一体成形以外に、あのとがった尾部（テイル・コーン）を造ることは不可能なのである。

しかし、零戦が量産を考えた設計でなかったことを責められるかというと、決してそうとは思えない。なぜなら零戦を開発している時点で、誰一人としてこの戦闘機を一万機も造るような事態になるとは思ってもいなかったに違いないからだ。多分、ひとつ前の九六式艦上戦闘機と同様に、一〇〇〇機が上限だと思い込んでいたはずである。

＊ＦＴ戦車

フランスのルノー社が造りだした小型戦車で、初めて回転式の砲塔を有し、現代の戦車の始祖といえる。第一次大戦に登場して以来、七か国で製造、三〇か国で使われ、総生産数は二万台近い。アメリカはフォード・三トン戦車として三〇〇〇台を陸軍と海兵隊に配備した。

日下　手造り感覚がアメリカ製機械の根本だった

アメリカが飛行機を造り出す契機は何だったかというと、太平洋横断のリンドバーグ*がはじまりで、その後を飛行機気違いの大金持ちが引き継ぐ。ハワード・ヒューズ*は自動車でレーサー時代を作り、次は飛行機で五五〇キロを出した。自分で操縦して、その次は世界早まわり飛行をした。

このスピードレーサーと長距離飛行が融合し、やがて旅客機に発展していく。だが人材育成の方は、全員が自動車の運転をするお国柄だし冒険は大好きだから、パイロットはいざとなればいつでも間に合うと、その程度で済ませていた。

その時期にボーイング社はB17四発爆撃機を造って売り込んだが、あれは戦争の思想が軍より進んでいた。『空の要塞（B17の愛称）』が必要だと言ったが、軍は要らないと考えて不採用にする。しかし、進攻用には有用だと気がついて後から採用になった。モンロー主義で防御思想の時は誰も乗り気にならなかった。ドイツも日本も四発重爆に不熱心だったのは、戦争観が侵略的でなかったためで、これは特筆大書しておきたい。

アメリカの戦闘機は言ってみれば、漫然と造られた産物である。メーカーからいっても、主力戦闘機をブリュースター、ベル、カーチス、ロッキード、グラマンと、五社が造っている。アメリカ軍部は本当に戦争が迫っていると思っていたのか、という気になる。実際のところ、ルーズベルトは「絶対に戦わない」と言っていたし、唯一の参戦経験である第一次大戦も、アメリカが行った時にはほとんど終わっていた。なんとなく外国は攻めてこないと考える風潮もあった。

戦争をする気のない軍用機だから漫然としている。種類こそ多いが特徴がない。みんな似たような戦闘機で、いろいろなメーカーが作っているにもかかわらずエンジンもほとんど一一〇〇馬力だ。唯一の特徴は排気ガス・タービンだろう。これだけは昭和五年くらいからつけている。もっとも、この特徴をそのまま見逃していた日本も漫然としている。もともと平和主義の国だからしかたがないと言えばそうだが。

アメリカ製戦闘機のもうひとつの特徴は、頑丈さだろう。これには子供のときから農業でブルドーザーを使いこなして育って、機械に慣れているという国柄が関係している。アメリカでは機械は全部自分で修理をしリサイクルもする。アメリカへ行くと『ポピュラーサイエンス』といった工作雑誌が二〇種類くらいあり、駅の売店でも日曜大工週刊誌が十種類くらいは並んでいる。内容も例えば「芝刈り機を自分で作ろう」とか「自家用発電器の作り方」などたくさん載っている。「あなたの自動車のエンジンの発電機を外し、プロペラをつけて屋根に置けば風力発電機ができるよ」などと、みんな自分でやることになっている。

だから戦闘機も「俺が作る」というレベルなのだ。エンジンとプロペラを取り付け、後は「これは俺の座席だ」と座席を作る。言ってみれば芝刈り機と一緒だ。戦闘機も芝刈り機もみんな手作りの感覚で、だから少々着陸に失敗しても壊れないといったことが大事にされる。

この手作り感覚の飛行機製作が行なわれたのは第一次大戦時のわずかな期間で、すぐ中断されている。その後しばらくの間は自国製はカーチスのジニーくらいで、第一次大戦はフランスから借りたニューポール戦闘機で戦ったりしている。もともとあまり航空に関心がなかったのだろう。

手作り飛行機時代の第一次大戦生き残りのパイロットは、飛行サーカスをして歩いた。そこから出てきたのが郵便飛行機で、郵便飛行機からリンドバーグが登場する。それからダグラスＤＣ２、ＤＣ３という旅客機に発展し、ここでようやく大量生産になる。特に空冷エンジンの信頼性が向上したので航空輸送が事業になり、旅客機ならたくさん注文が来るから量産をする。するといっそう信頼性が出てくる。それ以前はオランダのフォッカーをそのまま旅客機に使っていた。その後フォード社が造ったトライモーターなどもともと単発なのに、両翼に二つエンジンをつけて間に合わせたりした。

漫然と作られたアメリカ製戦闘機に比べ、零戦はまさに仕立服と言えるだろう。源田実*に合わせて仕立てられたもので、決して漫然と作られていない。

もっとも日本の場合も、大正から昭和へかけては戦争をする気がなかったので、ただ世界に遅れてはいけないという気持ちだけで他国製のコピーを作っていた。それが九六式艦戦、九七式艦攻の時に突然目覚める。これは山本五十六がよく状況を見ていたわけで、ワシントン条約以降、艦隊決戦の補助兵力として飛行機が必要だと考えたためだ。これがすべての戦闘機開発の出発点であり、同時に後々の悲劇の原点ともなる。

＊チャールズ・リンドバーグ

アメリカの民間パイロット。世界で初めて大西洋の横断飛行に成功し、有名になる。第二次大戦が始まるとボランティアとして陸軍航空部隊に参加。零戦に対するロッキードP38戦闘機の有効な戦術を若いパイロットたちに教えてまわる任務を精力的にこなした。

＊ハワード・ヒューズ

アメリカの大富豪で映画製作者。航空機に興味を持ち、各種のレーサー、飛行艇などを製作し、自身も操縦桿を握った。アメリカの航空工業界に対し、大きな発言権を持っており、西海岸の航空機産業の発展に尽力。戦後は世間から完全に隠れた生活を送り、謎の人物といわれた。

＊源田実

明治三七年生。日本海軍の士官で早くから航空機の威力に注目し、この戦力拡大に奔走した。また自身も名パイロットとして知られている。のちに航空自衛隊の総司令官（幕僚長）に就任。著書に『海軍航空隊始末記』など。

三野　兵器は結局のところ民族性に直帰する

零戦について、「あれほど美しい機体はない」という評価が高い。いまの航空力学から見て理想的な形かどうかは別として、現在でもフライアブルな零戦の飛行を見ているとたしかに美しいと感じられる。これは写真を見るだけでも誰でも同じ印象を持つだろう。

零戦が登場する映画では、ノースアメリカンT6という練習機が代役としてよく使われる。あんなのを使ってと言う人が多いが、そんなに違和感があるものなのだろうか。第一、隼と零戦はそっくりで、ちょっとしたマニアでも違いがわからない場合が多いはずだ。カーチスP36をホークとかランサーとか言うが、あれなども零戦によく似ている。

もともと単発の飛行機の形状を決めているのは、搭載されているエンジンの型式と直径である。それが大きく違えば形も変わるだろうが、同じエンジンならば大した違いは出てこないだろう。あとは後ろが少し詰めてあるとか、翼の形とか小さな部分だ。

美しさで言えば、私はイギリスのスピットファイアが惚れ惚れするくらいきれいだと思っている。工業デザイン的に言っても、美しい。だが、なんとも造り難い。あの主翼、あの曲線を出すのは、かなりの熟練が必要だろう。だったらメッサーシュミットのように先端をスパッと切ってしまったほうが、効率としてはかなり優れている。

F4Fも生産性重視ですべて直線で造ってしまったという点で、すごいと思う。こういう割り切り方では、零戦などとても足元に及ばない。

翼端の処理についても、アメリカでは、ＮＡＳＡの前身であるＮＡＣＡで誘導抵抗の実験を徹底的にやっていたから、丸くすればいいことはもちろん知っている。ところが、それで一％くらいしか性能が上がらないのだったら、そのくらいは無視して造り易いほうがいいと割り切っている。アメリカの兵器には、みんなそのような面がある。

Ｆ４Ｆワイルドキャット戦闘機を零戦と比べてみると、一般の人たちでもデザインの違いをはっきり見てとれるかと思う。直線的な二機種に対し、零戦は曲線を多用している。私は、これこそ民族性ではないかと考えている。

自分で簡単な紙飛行機を作る時に感ずることだが、直線で作るのと曲線の連続で作るのでは、その手間が全然違う。零戦は比較的造り易かったと言う人もなかにはいるが、例えば尾翼のラインひとつをとっても、造りにくいというのがすぐにわかる。ワイルドキャットのような形のものならば、断面で切ってしまえばよいから簡単に造れる。工程の負担という点から見ても、零戦は非常に問題があったと言えるだろう。

車輪の処理ひとつをとっても、同様のことが言える。離陸後は胴体に車輪をひっ込めるのだが、Ｆ４Ｆなどは、脚を降ろしたあとの穴は向こうまで筒抜けである。空気抵抗の面からいうと、あの穴をふさがない限り低速で飛ぶときにきわめて不安定だが、造り易いのだからいいではないかと割り切っている。

メカニックへの割り切りと言えば、たしかにリパブリックP47サンダーボルトなども、機首の付近を見るとこんな大きな空気取入れ口でいいのか、という感じだ。

それに比べ、日本の戦闘機は全体的に華奢に思える。エアインテークなどデーンと大きくしてもいいんじゃないか、強制クーリングファンもなくていいじゃないかと、どうして割り切れなかったのだろうか。

アメリカ人はそういう点を気にしないのかもしれない。かっこ悪くてもなんでもいい。エンジンもコンパクト化すればよいのだが、そんなことに気を使わず他機種のものをそのままとってきて、胴体にする。まったく同じでいいんだ、どこが悪いんだという考えだ。この割り切り方は、アメリカ製品には徹底している。技術文化論と言えるだろう。

日本の航空機は、言ってみれば皆ウエットな作りなのである。イギリスのものにもややそういう一面がある。ところがドイツとアメリカは、特に戦闘機では完全にドライな作りだ。見た途端にそういう印象を持つ。これが民族性の表れだとすれば、人類学者も含めて議論したら、おもしろいテーマになるだろう。

戦闘機だけでなく、軍艦でも同じことが言え、日本の船の甲板のラインにはかなり共通な要素が見てとれる。ウエットだドライだという印象はアメリカ人も持つらしく、この話はよく使われている。それが偶然のものなのか、意識してそうしているのか。

零戦と当時のグラマンを比べると、アメリカの戦闘機は造り易いものを機械的に組み合わせてはいるが、打っても叩いてもちょっとでは壊れないという感じで、ここにも思想的なものを感じる。一方、零戦は手作り的で仕上げが細やかな反面、当時の日本に性能の良い工作機械が充分なかったことも影響しているとは思うが、本当にブリキ細工みたいだという感じがする。使っているアルミの厚さからして違うのである。

日本人はアメリカのような戦闘機はなかなか造れないし、アメリカ人もまた日本の零戦のような戦闘機は造りにくい。そうやってみると、兵器とは結局のところ、国民性、民族性にかなり直結している技術のようである。

日下　日本人にとって航空機は芸術作品である

機体のデザインの民族性といえば、雷電なども好例で、機首を細くするための延長軸になぜそうもこだわったのか。当時は誰もが、時速六〇〇キロを超えると空気の圧縮波がでるから先がとがってなければいけないと言ったが、本当だろうか。

アメリカは、コルセアでもＦ６Ｆでも先をとがらせたりしていない。エンジンも巨大で、さらにその下にオイル冷却器や空気取入口がついているから、顔がタテに長くなっている。雷電は直径が大きくても馬力がある火星を使ったから、思想的にはＦ６Ｆと同じだ。ところが先をとがらそうとした。ここが余計だ。

日本には満足できる液冷エンジンがなかったから液冷戦闘機に対する劣等感があったのではないかとも思うが、液冷の方がかっこいい、空冷じゃなぁ、といったこだわりがあった。そこで、何が何でもとがらせなきゃいけない、と無茶をする。このように本来メカニックで済むものにも、芸術が入っている。

風洞実験を小さな模型でやったのも良くなかった。それなら、とがっている方がいい数字が出るに決まっている。表面の摩擦抵抗が測定に入っていないから、形状抵抗の比較だけをしていたことになる。そのため雷電は後半部が肥大して、そこに大きな摩擦抵抗が発生した。そんなもの、試作機を一〇機造って頭を切ったものものとばしてみて、そう変わらなければそれでいいじゃないか、とやってみるべきだった。

いまならわかるが、日本人はやっぱり美しくしたいのだろう。日本が決戦思想にとりつかれていたことについてはいつか話すつもりだが、決戦は一回だけと考えていたから、飛行機も五〇〇機で充分。だから、なでるようにさするように、手作りで芸術品を造ろうと言うことになる。その上やはり、かっこいい飛行機を造りたかったのだろう。自分の死を飾る武器である。一方アメリカ人にとっては、単なる道具で消費財なのだ。

先だって飛行する零戦を見学したが、いまの技術から見ると、エンジンが小さいし、羽根の面積が大きくグライダーのようにも見える。翼面積がもう少し小さければ引き締まるのにと思ったものだ。

日本とアメリカの美的感覚の差は、機体のデザインに影響をおよぼしている。煎じつめれば、スマートなのがいいのか、強そうなのがいいかである。F4Fはいかにも強そうで熊ん蜂のようだ。ちょっとぐらいぶつかっても壊れそうにない。

事実、強度からいったら、グラマンの飛行機はグラマン鉄鋼所製だというくらい頑丈だ。P47も離陸に失敗して積んでいた二〇〇キロ爆弾が爆発して胴体が真ん中から折れるくらいでも、とにかくパイロットは無事である。零戦でそんなことになったら影も形もない。

日本の飛行機はみんな美しい。美しいから弱い。どちらがいいかではなく、結局はそれぞれの美意識の好き嫌いだということになる。

性能から見た美しさにこだわらないアメリカは、造り易いものを造る。なぜなら、造り易さゆえに性能面が低下しても、使い方でなんとかなると思っているのだ。それから数の力を信じている。

例えば翼端を直線にカットすることで性能が一％ダウンするならば、敵を〇・一秒早く発見すればいい。性能が劣る分、よく見張ってうまく使いこなせば良いのである。アメリカの美意識は、造り易さ、使い易さがまず一番にあるのだろう。他にも、零戦では重量軽減を徹底したが、アメリカ人は機体の構造材に穴を空ければ軽くなることは知っていたがやらなかった。いちいち強度計算して穴を空けなければならないので、工作不便だと採用されなかったのである。

これは幼い頃から機械を扱い慣れているという国民性だろう。私はよく自動車をいじくり回すから、自分の自動車がガタガタ音をたてても原因はこれこれだから三時間は大丈夫、とへっちゃらである。しかし、ゴルフに行く時に友達を乗せるとみんないても立ってもいられない顔をする。わかっていないから怖いのである。

日本もアメリカのように、格好など気にしないでやるべきだった。迎撃戦なら上昇力だけあれば、あとは突っ込めばいい。形勢が悪いときは、日本の上空なのだから逃げ回ればいい。

どこでも逃げるところはある。敵は太平洋から来るのだから、日本海側に逃げれば追いかけて来られない。硫黄島から来ているムスタングだったら往復二〇〇〇キロは飛ばなければならず、無駄な飛行ができないからだ。

そういう戦法をとるべきだったのである。だから、紫電だろうが紫電改[*]だろうが細かいことにはこだわらずに、もっとおおらかに迎撃戦闘機を造ればよかった。

*紫電／紫電改
局地戦闘機だが、性格は一般的な制空戦闘機であった。紫電は主脚の折損事故が多かったため、改良型の紫電改が誕生した。紫電改は強力な二〇〇〇馬力の発動機と四門の二〇ミリ機関砲を持ち、来襲したアメリカ海軍機迎撃に活躍した。生産数は紫電一〇〇〇機、紫電改四〇〇機。

第6章　プロジェクトとシステム発想

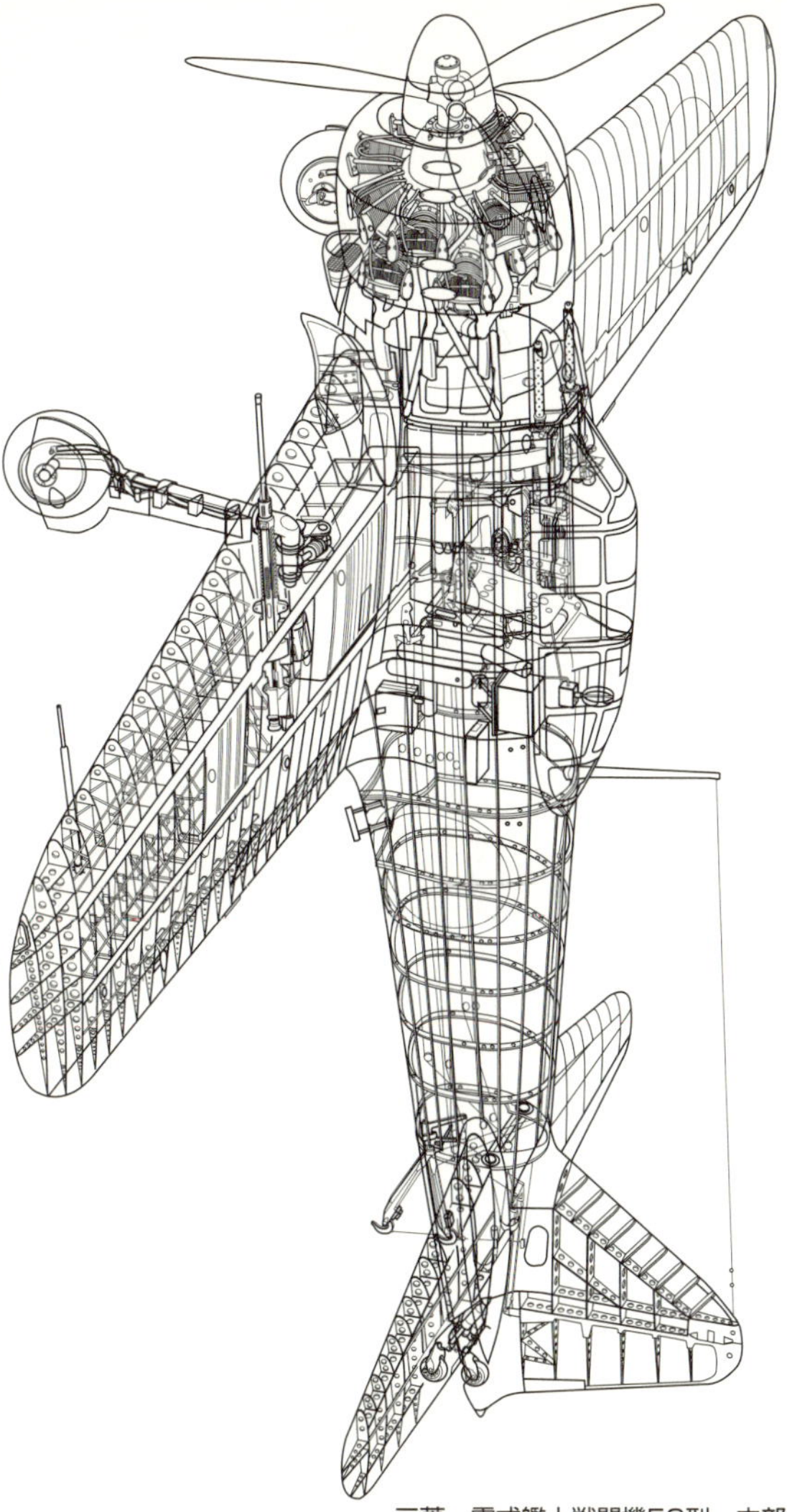

三菱　零式艦上戦闘機52型　内部構造図

三野　零戦の思想はサニーとカローラ

結局のところ、なぜ零戦のようにあれもこれも盛り込んだ戦闘機が要求されたかというと、発注者側が充分に予算が取れる状態でなかったからだ。アメリカのように金がたくさんあれば用途に応じてさまざまな戦闘機を造ればいいが、当時の日本ではやはり予算的に一機種に絞りたいということになる。

そもそも日本の場合、陸海軍の航空隊がまったく別々に軍用機を開発していた点がきわめて大きなマイナスであった。空母への搭載機（いわゆる艦上機）は例外としても、戦闘機、双発爆撃機などは当然共通化すべきであった。

零戦と一式戦闘機の隼、九六式陸上攻撃機と九七式重爆撃機の開発は使用目的が同じなのだから、共通化した方が合理的である。また、海軍爆撃機銀河と陸軍爆撃機飛竜も大きさや性能はほとんど同じであるから、別々に試作・開発し量産するなどなんとも納得がいかない。

共通化できるところをまとめていれば開発費も半分ですみ、そのぶん生産数を増やすことができる。また設計チームにも余裕が生まれ、改造・改良作業も迅速に進んだはずである。

最終的に零戦は一万機、隼五六〇〇機が生産されたが、これを零戦だけに絞れば生産数を少なくとも二万機まで増加させ得たはずだ。零戦はあらゆる能力が隼に勝っていたから、陸軍もこれを採用していれば戦力は数段向上していたことは間違いない。

現在、日本の経済は深刻な不況にみまわれており、各社、各業界とも立ち直りという目的に向けて努力をしていることだろうが、目的が同じなのだから、互いが連絡なしに努力するのは無駄が多いのではないだろうか。周りとの連絡を充分にとり可能な限りの共通化を試みることが、有効ではないだろうか。零戦と隼は現代の反面教師だ。

さて、予算のない海軍が狙ったのは、零戦を万能飛行機にすることだった。万能戦闘機と言葉で言うのは簡単だが、設計者の側に立って考えると、相反する要素が同時に要求されることとなり、どうまとめていくかがかなり重要なポイントとされる。要求を出した海軍側がそのことに気がついていたかどうかはよくわからないが、零戦は結果としては要求に応えたものに仕上がっている。

制限なしで高い次元に設計の目標をおくのは楽だが、航空機の場合、常にどこかに制限が待ち受けている。それは予算の問題だったり、質のよい燃料がいつも使えるとは限らないことだったり、そういう条件がついた上で設計しなければいけないというハンディキャップがつきまとう。零戦の場合はエンジンが一〇〇〇馬力とほかの国と比べて出力が低いことだったが、できあがったものは速力も火力も航続力も、他の戦闘機とはまったく比較にならないほど優れていた。

同じことが戦後の開発シーンにもある。零戦の技術ともっとも似ているのは、本格的なモータリゼーションの最初に開発された日産のサニーとトヨタのカローラ、この二つの大衆車だろう。国民車という呼び方も似ている。

こちらも開発の際にさまざまな要求があり、どうしても動かせない制限が存在していた。性能は良くなくてはいけない、少なくとも四、五人が乗れなくてはいけない、だが、価格は上げられない。アメリカやヨーロッパの車のような大きな排気量のエンジンが積めなかったところも零戦似で、せいぜい一〇〇〇CC前後、偶然ではあるが零戦のエンジン出力と数字も一致する。

零戦の特徴のひとつは、多目的性、万能性にある。そのため、開発の際はかなり高いところに目標をおいて、それを実現しようと努力している。零戦では、その手法が非常に優れていたと言えるだろう。戦中に比べ戦後の日本はさまざまな面で条件が良くなっているが、世界の航空技術を凌駕する飛行機は生まれていない。

残念ながら防御機能は充分でなかったが、あれだけの航続力を要求されれば、重量からいってその能力を満たすのはまず無理である。加えて当時の意識としてどこの国の空軍もこの時点では激しい空中戦を体験していなかったわけだから、戦闘機の防弾装備がどの程度重要と考えられていたかといえばさほど熱心ではなかったという他にない。

零戦の開発チームは、自分の思うとおりに設計したという自負がかなりあったようだ。設計者である堀越二郎本人の書いた『零戦』にも、軍の方が「これは先進的すぎる」と堀越に言う場面が見られ、それを説得しつつ開発を進めている。条件が非常に悪く、貧しく、充分な技術基盤がなくても、頑張ればかなりの技術品ができる——零戦はその証拠を残せた最後のものではないだろうか。それが良いことなのか悪いことかは別として、零戦は設計者たちのがんばりが作った名機なのである。

日下　バランス感覚に優れた堀越二郎

零戦誕生の功労者として設計者である堀越二郎を大いに賞賛すべきである。特にそのバランス感覚は特筆に値する。彼はのちの著書のなかで、次の点を強く主張している。飛行機というのはすべてそれぞれの性能のバランスの産物だから、あれもこれもと言ってほしくない。しかし零戦では海軍の要求があまりに多く、バランスをとるのに非常に苦労した——と。

開発でも何でも限界は必ず存在し、何かをよくすればどこかにしわ寄せがいくのは当然である。いわば家計簿のようなものだ。零戦では、当時日本が持っていた技術水準が開発の絶対の前提条件であった。

発注者側が「この性能が特に大切だ」と言ってくれれば、他を切りつめることができる。あれもこれもと要求ばかりしていても仕方がないのだ。だから、万能を求める海軍の要求は、本来ならば開発の破綻を招きかねないものであった。だが、堀越というバランス感覚に優れた設計者が担当したため、要求にこたえる優秀な戦闘機が完成したのである。

堀越は軽くするためにはエンジンも軽くしようと考えた。そうすれば馬力は弱くなるが、その代わり脚をはじめとする機体の構造重量も軽くなる。時代逆行だがそれでも成功した。一〇〇〇馬力から一二〇〇馬力への性能向上が期待できる金星を積むべきだという話は昭和十二年からあったが、堀越は聞かなかった。ガダルカナル戦以降、にわかに勢いを得た金星へのバージョンアップにも不熱心だった。『それでは別の飛行機になる』というのが彼の答えで、小生が意訳すると「海軍は要求性能を変えよ」ということになる。

金星に代えよと要求するのは多分最高速度や急降下速度が欲しいからで、そのためには旋回性や離陸距離は落ちても良いという意味だろうが、それならそう言えばよい。それに合わせて新しく設計する方が早くて良いものができる——と言っているのである。

本当にそうだと思う。したがって海軍は要求性能を言えばよいのであって、零戦を改良せよとか金星を使えとかは設計者にまかせて欲しいと言いたいにちがいない。

さらに想像をめぐらすと、零戦を開発した時、海軍は居《い》丈高《たけだか》に旋回性能や低空での上昇力を要求して堀越の意見を聞かなかった、という経緯もあるだろう。堀越は苦心惨憺《たん》してそれを実現させたのだから、それ以上をまた零戦に望むのは、零戦がかわいそうだという気持ちもあるだろう。

はっきり言えば、零戦をつくる昭和十一年の時点で、堀越は甲戦・乙戦両方を別々に試作する提案もしたし、将来金星に代えるならその用意もしておいた方が良いとの考えも言ったのに……と、腹を立てていたとしても不思議ではない。無能な上司は有能な部下を酷使するという、よくある話のように思える。

このように、ある決められた条件のもとで、バランスを最優先にしつつ相反する要求をもりこんでいく設計者たちのこの姿勢は、戦後の日本に大きく影響を残している。

三野　何ごとにつけても割り切れない日本人

零戦の初期、つまり二一型は口径七・七ミリの機関銃二門、二〇ミリの機関砲二門を装備していた。五二型になると七・七ミリ一門、十二・七ミリ一門、二〇ミリ二門と三種類になる。零戦が機関銃を三種も搭載したのは、用兵側のわがままの結果だろうか。

対戦闘機戦闘だったら七・七ミリは弾をたくさん積めるからいい。大型機攻撃や地上銃撃だったら二〇ミリの効果が大きい。たしかに地上攻撃をやったら、七・七ミリと二〇ミリでは弾の大きさから威力は全く違う。そういうのをみんな受け入れ、ああいう恰好になってしまったというのが正解だろう。武装に要する重量は何%までといった議論は、行なわれなかったに違いない。

アメリカの陸海軍の戦闘機では機関銃をすべて十二・七ミリ*に統一していた。このメリットは想像以上に大きかったと思われる。

日本人は何ごとについても割り切らないで、すべてを乗せようという方向に持っていってしまう。

いまのパソコンもこれとよく似ていて、使う側がわからないものまで載せてカタログ性能はすごいが、実際に何をやらせるかについては、別の話である。買う時に「ソフトをこれも入れますか、あれも入れますか」と言われるので、貧乏性でつい「全部つけておいて」ということになるが、こんなソフトがあってどうなるのかというのは、考えてもわからないから考えない。

それでもということで乗せた三種の機銃だが、弾の装填が当初ドラムだったから、二〇ミリなど一回撃ったらなくなってしまう。なにしろ装弾数は六〇発、最高でも一二〇発しか積めなかったのだ。

だが、自衛隊のベテラン・パイロットの話だと、零戦の二〇ミリは初速が遅くなかなか命中しなかったとよく言われるが、それは接近距離が足りないからだという。現在のF15とかF4といったようなジェット戦闘機についても同じだという。二〇ミリがひどい機関砲だというのは、パイロットの腕の悪さを露呈しているだけだと言うのが、彼の主張である。

＊アメリカ戦闘機の一二・七ミリ機関銃

一九一〇年代に実用化。正式名ブローニングAN・M2。口径こそ十二・七ミリだが銃身が長く、高い威力だったことから、戦闘機はもとより、爆撃機、戦車、艦艇にも使われた。アメリカ軍では一九七八年まで制式化されていた。

日下 上が馬鹿ではどうしようもない

堀越二郎が造ったバランスのよい機体に、海軍は二〇ミリ機銃、七・七ミリ機銃、一三・七ミリ機銃と、三種類もの機銃を積み込ませた。零戦は発注者側である海軍があれこれと注文をつけて生まれた産物だから、特に用兵側に近いもの、たとえば武装は自分が使うものだから、ああしろこうしろが命令になる。

堀越は「そんなものできません」と抵抗したが、結局押し切られている。射撃はカメラのファインダーでピントを合わせるようにするものではなく、敵機の前方へ向かって腰だめで撃つ偏差射撃がよいのだが、三種類の銃のそれぞれが弾道も初速も違っていては目がまわる。

二〇ミリは地上銃撃に適しているからというが、そもそも戦闘機は地上銃撃などするものではない。そんなことをして撃墜されたらもったいないし、地上銃撃をしたいならそれ専門の飛行機がある。ソ連が二万機も作ったイリユーシン2型シュトルモビーク*など、胴体の前下の装甲の一番厚いところは十七ミリという鉄板で、地上からの被弾に備えている。

零戦が三種の機銃を搭載したことは、結果として整備に途方もない労力を要求することになった。三種類の弾を詰めないと出発できないからだ。だが、そうまでして三種搭載で何かよいことはあったかといえば、そうでもない。アメリカなどは十二・七ミリ一本で押し通した。だから整備が簡単だ。これは緊急事態が頻発する戦時下において、明らかに長所である。

このほか爆装についても、零戦の武装は首尾一貫していない。あれもこれもと詰め込む武装方法はシステムとしておかしいものだ。

武装方法は誰が決めることかというと、開発側の三菱ではなく発注側の海軍である。海軍の担当者がばらばらでそれぞれが自分の都合ばかり言っているから、このようなおかしなことになった。もともと日本、特に海軍省というお役所のなかにいる人間たちは情勢への危機感がなく、のちの戦争遂行過程でも相当問題になっている。

十七年ごろ、海軍の中佐か何かがエンジンを金星に積み代えてくれないかと堀越に言ったとき、彼はいまは雷電の開発が忙しいからと断っている。堀越の言い訳は、『部下がいない』である。

つまり、お前やれ、お前やれというものの、部下をあてがうことを誰も考えてやらなかった。いまから見れば、「雷電はつくらなくてもいい」とか、「他人にまかせてもいい」と調整していれば、金星への転換は昭和十八年には完成していたと考えられる。この年までになんとしても金星を積むよう改良しておくべきだった。そうすればガダルカナル戦に間に合い、

Ｆ４Ｆに楽勝していただろう。翼端が切っただけの三二型零戦が出てきたときでさえ、アメリカは「これは新型機に違いない」と緊張しているのだ。なぜその程度の調整を海軍がやらなかったのか、まったくもって理解できない。こんなつまらないことで何千人ものパイロットが死んだのである。

重点を絞る命令を出すと、命令者には責任がかかるから逃げる。そこで下が困るというのは、いまも繰り返されている。堀越は要求性能に順番をつけてくれと言ったがだめだったと書いている。例えば、「航続距離を短くしてもいいですか」と軍に聞いても、返事をしない。命令だ、なんとかやれ、などと言う。

これはいまの会社でも気をつけないといけないことだ。上に立つ人はそれだけの権限を与えられている。ならばその権限をうまく行使することを考えなければならない。言葉は悪いが、上が馬鹿では本当にどうしようもないのである。零戦の開発と運用と改良には、上が権限の行使を放棄した典型的な例に満ちている。

＊イリューシン２型シュトルモビーク

大戦中にソ連が開発した地上／対戦車攻撃機。単発で性能は低いが、防弾装備に関してはもっとも優れていた。なかでも操縦席の周囲は分厚い装甲板で覆われ、撃墜は容易ではなかったといわれる。改良型Ｉℓ10は、朝鮮戦争にも登場している。

三野　無謀だったラバウルからの出撃

海軍は、堀越に何もかも押しつけた。現代の企業や組織でも、無理をさせればきっと何でもできると考えている面がないだろうか。限られた枠内で一生懸命やるのがいいのか、それともいいものを作るために外的要因も変えろと言う方が正しいのか。この問題をテーマとして是非取り上げたい。

私の職場などでも、人数的にとても無理な内容の仕事を渡されることがある。一応断るのだが、事情があるから何とかやってくれと言われ、死に物狂いで仕上げる。すると、これだけできたのだから次にはもうちょっと多くのこともできるのではないか、と仕事が漸増していく。

どうも日本という国は、無理な状況のもとで少数の人々の驚異的な努力によってひとつのことを成し遂げた、といった点を過大に評価するようだ。その最たるものが桶狭間の戦い（永禄三年・一五六〇年）で、尾張の織田信長が駿河から侵入してきた今川義元軍を打ち破ったこの合戦では、今川軍二万五〇〇〇を織田軍三〇〇〇が奇襲し、短時間の戦闘で決定的な勝利を得る。日本陸軍はこの合戦を『寡兵《かへい》（敵軍と比べて著しく少ない兵力）よく大敵を破る』と高く評価している。少ない戦力で大敵を殲《せん》滅すること、要するに味方に大きな負担を強いることをもって良しとしたのである。

これが日中戦争では何度となく作戦の失敗につながった。兵力が敵より少ないにもかかわらず、日本陸軍は最初から最後まで包囲殲《せん》滅戦を実行するのである。時には中国軍の一〇分の一程度の人数でもこれを試み、そのたびに敵の主力を逃がしてしまった。当時の陸軍上層部には常に桶狭間の勝利が頭にあったらしい。

しかしよく考えれば、一国の運命を左右する戦闘こそ、敵よりも大きな兵力を用意し一挙に攻めつぶすべきなのである。戦史を振り返るとき、連合軍の決定的な勝利、例えば北アフリカのエル・アラメインの戦い*、北フランス上陸作戦*などは、必ず敵に数倍する戦力を集中的に投入している。これこそ理想的な勝利とはいえないだろうか。

このような戦闘とまったく逆なのが、一九四二年八月初旬からのガダルカナル戦だ。ソロモン群島ガダルカナル島へ上陸したアメリカ軍を攻撃するため、日本海軍はラバウルから攻撃隊を発進させた。双発の攻撃機ならまだしも、ラバウル―ガダルカナル間に戦闘機を飛行させるのはかなり無謀だ。二点間の距離は一〇三七キロ、往復するだけで二〇〇〇キロ以上飛ばなくてはならないから、ゼロ戦の巡航速度を二八〇キロ毎時とすれば八時間も飛び続けなくてはならない。

当然ながら、ガダルカナルの上空ではアメリカ軍機との空中戦が想定される。少しでも機体に損傷を受けるかパイロットが負傷するかしたら、基地まで一〇〇〇キロ以上の距離を戻るなどとうてい不可能である。

幸運にも機体、パイロットとも無傷であったとしても、中継基地がないので燃料を使い果たしてしまったら不時着を余儀なくされる。たしかにゼロ戦は、最大十一・四時間、距離にして三一一〇キロを飛ぶことができるが、それでもこの作戦距離は長すぎた。いまから振返るとアメリカ軍はゼロ戦の戦闘行動半径の限界を見はからって、ガダルカナルを反撃の場所に選んだと思えるほどである。

ガダルカナルの戦いがはじまってからわずか二カ月で、この戦区のゼロ戦は総数二七〇機が七九機にまで減ってしまった。もちろん多数のアメリカ軍機を撃墜してはいるものの、あまりに急激な減少といえる。これこそ、出来るからといって過大な負担を押しつけ、それによって戦力を大幅に減らしてしまった好例だろう。

我々の日常の仕事についても、同じことが言えるのではないだろうか。命じられた時に過剰な要求に答えて力を発揮するのは、本当に良いことだろうか。私はむしろ「周りの条件も良くしなければいいものはできない」と発言することの方が大事だと考えている。だが、いったん組織内で生きるとなるとそうはいかず、「ともかくやってくれ」という指示を受けるしかない。特に軍隊の場合、上意下達しかできないことがネックとなっている。

これからの日本を考えると、それでは駄目な感じがする。出る杭は打たれるでも、「自分は一生懸命にやるけれど、外的条件も変えれば計画は一気に進む」ということをはっきり言ったほうがいい。問題はそう言える環境をどう作っていくかということだ。

＊エル・アラメイン

エジプトとリビアの国境付近にあり、英、独、伊軍の『北アフリカの戦い』での激戦地。ロンメル将軍率いる独軍に圧倒されていた英軍は一九四二年一〇月末、大反撃に出て勝利を得た。英首相チャーチルは「エル・アラメインの前には勝利なし。その後には敗北なし」と記した。

＊連合軍の北フランス上陸作戦

一九四四年六月、フランスのノルマンディ海岸で行われた連合軍の上陸作戦。史上最大の作戦で、参加兵員数はのべ一五〇万人におよぶ。ドイツ軍は連絡の不備から、効果的な阻止に失敗。ヨーロッパ戦線の勝利の行方は明確になった。

日下　システム思考のない発注責任者

開発でも何でも枠は必ず存在するだろうが、その枠について意見を述べると弱音を吐いていると評価される。要はシステム思考がないのだ。

海軍の偉いさんにとって開発がうまくいけば自分の手柄となるから、優秀な人に頼もうとする。あれもこれもと注文が多すぎるうえ開発工程で口を出し命令する。それぞれの意見を調整する責任ある一人の上司が存在せず、堀越にとってはご主人が三人も四人もいるに等しい状態だ。おまけに要求に応えて良いものを仕上げても、自分の手柄として栄誉を持っていってしまう。

発注責任に関して言えば、日本は今日もなお酷い病気にかかったままと言ってよい。発注をいかに立派にするかを誰も本気で考えず、各方面の要求に顔を立てるだけである。例えば日本の公共事業がそうである。プロジェクトの目的も構わず効果も考えず、日本中似たようなことをやっている。だから出来上がったものは、例えば自動車の通らない道路といったものばかりである。

ともかく発注側のスタンスが重要である。戦争全体を見渡し、技術水準を見渡し、工場の生産能力を見渡して、発注を決めなければいけない。だが現実は、「とにかく早くやれ」とか「うまくやれ」とか「アメリカに負けるな」とか言うばかりだ。これでは画期的なものはできない。

そういう意味では、陸軍には画期的な飛行機がある。司令部偵察機といわれるものだ。アメリカのロッキードU2やSR71の元祖で、何をさせる飛行機かがハッキリしているから、発注者である陸軍は速度と航続力だけに注文を絞った。このように発注者は明確に絞ったコンセプトを持っていなければいけない。

日本は、その後の高度成長において、この過去の経験を有効に活かしているだろうか。

第7章　個性という戦力

零戦の原型。振動試験中の試作２号機

三野　注文以上の名機に仕上げたのは堀越の手柄だ

零戦には、九六式戦闘機を下回らないようにと海軍から細かな仕様命令が下された。「海上に不時着したときに二時間は浮いている浮体を装備しろ」という海軍に、設計者が「作りますけれど性能はこれだけ落ちます。いいですか」と答え、性能が落ちるんだったら浮いている時間は一時間にしようと決める。要求性能自体が当時から考えると非常に過酷だった。とにかくバリアだらけだったにもかかわらずそれをクリアしたうえに、プラスアルファがかなりあった。それが零戦である。

堀越の考案した新しい柔構造伝達装置（剛性低下方式*＝Reduced Rigidity System）などその一例で、運動性能がさらに優れたものとなっている。この力ならこれだけ舵がきくというアナログだけだったら簡単だが、あえて意図的にタイミングを一瞬遅らせているから、最初は大してきかないのだけれど、いったんききだしたら慣性を上回る効果を作りだす。それが、細かい操縦を好む日本人によくマッチした。

特に操縦のし易さ、実戦での動きは、『三舵の効き、良好なり』という評価どおりで、日本製の航空機の中で最良であった。ちなみに『三舵の効き、良好』とは、零戦の初のテスト飛行でパイロットが地上に送った報告の一部で、三舵とは方向舵、昇降舵、補助翼のことをいい、この効きが良好との報告から設計者たちは零戦の運動性の良さを確認したといわれる。

かくして零戦は、一時的にせよ、欧米の最新鋭戦闘機を上回る性能の戦闘機となった。先程述べた柔構造など、コンピュータにも頼らず簡単な機械的装置で成功させている。

零戦をほとんど独力で開発し運用し得たことは、設計者たちに相当な自信を与えたに違いない。なぜなら当時の最先端技術はなんといっても戦闘機で、エンジン、プロペラ、機体設計など、どれをとっても複雑な計算がまず必要であり、その後それを実際に形にし、計算通りの性能を発揮させなくてはならなかった。二〇ミリ機関砲と電波航法装置こそ外国製品のコピーではあったものの、最強の戦闘機を独力で造ったという事実は誇るべきだろう。

零戦の誕生から半世紀以上たった現在でも、最初から航空用エンジンを造り出せる国家はきわめて少ない。いや航空用どころか自動車用エンジンさえむずかしい。中進国レベルなら、国際的な経済、情報、技術の交流が頻繁《ひんぱん》に行なわれていることでもあるし、自動車エンジンぐらい独力で造れると思われるかもしれないが、まったくの間違いである。

エンジンの製作には熱力学、機械力学、流体力学からはじまり、金属材料の選定と加工と、多くの基礎理論や周辺技術の蓄積が必要だ。単純な直列四気筒エンジンでもまったくのゼロから完成させ得る国は、世界中三〇カ国に満たないだろう。二〇世紀も終わりに近い現代でも、技術とはそのようなものなのである。

だからこそ、戦中の多くの悪条件を克服して一時的ながら世界最高の航空機を生み出した自信は、日本の人々、特に技術者たちに「やればできる」といった気持ちを持ち続けさせた。この自信が戦後の発展の原動力となったのだろう。

＊剛性低下方式
昇降舵の動きを機械的に遅らせて、航空機の運動性を高める機械システム。零戦の迅敏性に大きく寄与した。主務者の堀越は戦後これで東大から工学博士号を受け、海外でも高く評価されている。

日下 最初にアイデアがひらめいた者を評価しろ

私は零戦が成功したのは、発注先が他のどこでもなく三菱重工だったことが大きい要因だと思っている。これは飛行機を作る企業を新たに育成しようという海軍の意向によるもので、戦闘機王国と言われていた川崎重工や中島飛行機＊と違い、三菱にはそれまで実績が全然なかった。

もっとも川崎と中島の実績といっても、川崎の八八式偵察機などはドイツ人の設計だったし、中島はフランス人を連れてきて九一式戦闘機を作っている。このとき下についたのが後に隼を作る小山悌で、ドイツ人ゼークトの指導を受けたのが川崎の土井武夫である。おもしろいのは「着陸したとき火災になるから、操縦席の下方にガソリンタンクを置くな」と金科玉条のように言われた小山悌は決してそうしないし、「いいじゃないか別に」と言われた土井武夫は、操縦席のすぐそばにガソリンタンクをつけている。

三菱はまず九六式戦闘機を「試しに作ってみろ」とまかされたが、やってみたら中島や川崎に勝ってしまった。「なんだやれるじゃないか、じゃあ零式もやれ」と三菱に注文が行ったおかげで、担当者は必然的に堀越二郎となった。彼を最年長の責任者としてすべてをまかせた。

三菱もまた、昭和になってしばらくの頃外国人を招いており、そのとき飛行機製作の指導を受けたのが、東京大学航空学科を卒業したばかりという二三、四歳の若者だった。外国人指導者が帰国した後は、飛行機がわかる人は彼しかいない。それが堀越だった。こういった点では、零戦はタイミングの産物という気がしないでもない。

これはまさにニーズと人材がうまくあたったというものだろう。先端分野ならば若い人に発言権があり、上役はあれよあれよと見ているばかりだ。現在でも半導体やコンピュータ・ソフトは若い人が好きにやり、上はあれよあれよである。先端技術だから、堀越の若さが活きた。

零戦開発は一見したところ海軍と三菱という組織によるものに見えるが、実際は設計者という個人の裁量がかなりの程度通っている。これは零戦の成功の重要なポイントで、最先端技術では誰かが最初のアイデアを閃かせなければ何も始まらない。

だから、閃いた人を高く評価すべきである。零戦を評価するならば、何よりもまず堀越を誉めなければいけない。主翼のねじり下げのアイデアなど本当に天才的である。個人をうんと誉めれば、それを見た子供たちが「すごい、僕も私もやってみよう」と後に続き、人材が活性化する。

だが実際の風潮は、個人が手柄を独り占めをするのはよくないと言うものだ。例えばオリンピックなどもっと個人を誉めるべきなのに、日本民族は体質がマラソンに向いているとか言って、なかなか個人を誉めない。金メダリストも「応援してくださった皆さんのお陰です」などと言わないと、風当たりがよくない。これではいけない。

もっとも最近になって、そういう風潮がようやく変わりかけている。勝利者インタビューで「私は日本のために走っているのではありません」と選手がはっきり言うようになった。これで日本にも期待が持てる。そう思うこの頃である。

日本がまだ後進国だった時は、組織でやることが日本全体の成長を支えていた。だから大会社が強かった。しかし先進国に肩を並べてしまったいま、「みんなでやりました」などといっている会社は没落していくに違いない。これから必要なのは個人優遇、つまり中小企業の時代である。

＊中島飛行機

『戦闘機の名門』として陸軍戦闘機のほとんどを生み出した。三菱が設計した零戦の製造を担当し、六割以上を造る。現在の富士重工はこの中島飛行機の後身である。

三野　失敗を恐れず若い人に零戦を任せた

零戦の技術スタッフに三〇歳以上はほとんどいなかった。当時三四歳だった堀越を中心に、あとは二〇代半ばだ。飛行機設計の経験も零戦で三機目である。それであれだけの名機ができたのは、やはり若さの持つ力だろう。三菱という会社が、若い彼らに零戦を任せた決断には着目すべきといってよい。

若い人材が充分に力を発揮すれば、制限があってもかなりのものができるというのは昔もいまも変わらない。かえって功なり名を遂げた人が上に立っていると、優れた製品は生まれてこない。失敗を恐れず若い人にまかせる姿勢が、トップに立つ者には大切なのではないだろうか。

日本のプロ野球にも、それを如実に示す例がある。かつて台湾からやって来た呂と言う選手は、短期間ながらものすごい活躍をして巨人の勝利に貢献したが、まもなく急激に打てなくなり、地元台湾に帰ったあとも活躍できないままだ。入団当初、呂のバッティングフォームは変則的で少し異様な感じがしたものである。だが、確実にヒットを打てた。どうやらその後の不振は、かつての名選手たるコーチたちがせっかくのフォームをよってたかって普通の形に直してしまった結果らしい。

それと対照的なのが、いま大活躍している野茂英雄投手だ。彼は、アメリカに行って一番嬉しかったのは、コーチも監督も練習方法やフォームなどについてまったく口を出さないし直したりもしないことだと話している。

「お前のフォームなのだからお前の好きなようにやれ。それで困ったりトラブルが出たら、我々はいくらでも助ける」と言うそうだ。そういうアドバイスはすばらしいと思う。

だが個人の個性を重視するには、日本は教育体系の点で問題をかかえている。良い悪いは別にして、一定の水準を満たす能力を持つ者をたくさん育てるというのが日本の目指している教育である。私の勤務している大学などもそうだし、小・中・高校教育も個人の突出を許さない風土がある。自由な発想を許さない教育の風潮は、戦前から現在に至るまで変わっていない。これでは「自由な発想をしろ、枠を飛び出せ」といっても難しいに違いない。

堀越は、学校の授業のうちでとにかく体育が一番嫌だったと言う。国語なども子供の時から嫌で嫌でしょうがなかったそうだ。その分、数学や物理、図工の成績は飛び抜けていた。

画一教育は結局のところ平均点主義に落ちつく。となると堀越のような人間の評価は常に低くなってしまう。オリンピックで表彰されても「皆さんのお陰で」と言わざるを得ない。皆さんが代わりに競技に出たところで成績は上げられはしないのだから、もっと自分を讃えてもよいのではないだろうか。

むろん、謙遜をしゃべっているのだろうが、それにしても釈然としないのは、この風潮が行き過ぎると、突出した人々が排除されるからだ。これでは優れた科学者が育成される社会とはまったく相反し、柔軟な発想が充分に伸ばせない。優れた人材は、個人を高く評価する外国へ流出してしまうだろう。

平均主義の結果、日本はハードも一人でできない時代になってしまった。これではいけないとして、例えば飛び級を認めたりし始めているが、優れた技術者を輩出するには、もっともっと個性を尊重し個人の自由を認める教育をすべきである。さまざまな能力を平均値に揃えるのではなく、良いところを伸ばす。ひな形に子供をおしこめ、隙間は埋め、出っ張ったところは押しこみとやっていては、天才的な技術者も芸術家も現れない。

既存の産業は無理でも、最先端の分野ならば若い人の力を発揮できるとなれば、それを取り上げない会社は発展性がないということになる。ただその際も、せっかくの若い人材が枠にはまっていたら同じだ。自由な発想は付け焼き刃の訓練でできるものではない。ここでも、教育の重要性が問題となる。

日下 「自由な発想」で「個人の力」を

画一的な教育の弊害の最たるものは、自由な発想を抑えつけてしまうことだろう。そうすると、既存の情報からの思いこみを取り払うことができなくなり、新しいものを作り出せなくなる。

ものを考えたり作り上げたりする行為は、本来、思いこみが激しいものである。飛行機でもそうだ。飛行機の設計は物理法則で理詰めにできそうなものなのに、やはり思いこみという要素ははずれない。

わかりやすい例で言えば、アメリカ本土爆撃用の六発爆撃機富嶽がある。あれは主車輪に大きなタイヤを四つつける設計だった。横浜ゴムやブリジストンタイヤに頼んだが、「直径二メートルものタイヤなど作れない」と言うのを無理やり作れと命令して、あとは放ったらかしなのである。

飛行機は前輪も入れて三本脚、後輪のそれぞれにはタイヤが一個か二個、と思い込んでいるのがおかしい。

いまのジャンボはタイヤが十六もついている。大きなタイヤを作成しろと無理強いするより小さいタイヤを十六個つける方が話が早いと、なぜその時に思いつかなかったのか。中島飛行機は日本中の優秀な人を一五〇人も集めて基本設計をしたのに、こういうところは思いこみで誰もまったく気がつかない。

それは、発想するよりは安易な方法である命令という道が目の前にあるからで、横浜ゴムに「頑張れ」と命令し、あとは待っていればできるだろうと考えている。この時の横浜ゴムの返事は「離着陸三回、よくて一〇回でパンクをします」である。ここで、「それでよし」と返事をするところが悪く言えば無責任で、良く言えば短期決戦思想である。一〇回使えればあとは知らないという開発姿勢は実用性がないことおびただしい。

開発を組織で行なっている点も、思いこみを拭えないひとつの要因である。なぜ日本が組織で開発するかというと、技術の後進国だったからである。先進国の技術を真似する際、未熟だから組織的に真似せざるを得ない。貧乏国だから金持ちの個人がおらず、組織に頼らず個人で発明したり真似したりして成功してみようという土壌がない。

その点、フランスやイギリスは飛行機に限らず科学の先進国だから、「俺が最初に作った」という人がごろごろいる。金持ちがスポンサーにつき、自分の趣味で作らせている。金持ちだから売れなければ売れなくてもいいと割り切っている人もいる。だがドイツや日本では、結局、軍に買い上げてもらおうと駈けずり回らざるを得なかった。

現在、日本は豊かになったと言われるが、バブル期の金持ちは不動産屋であった。「自由な発想で」とか「個人の力を使って」とかの考えを持つ業界ではなかったことに、注意を払いたいものである。

第8章 改良と柔軟性

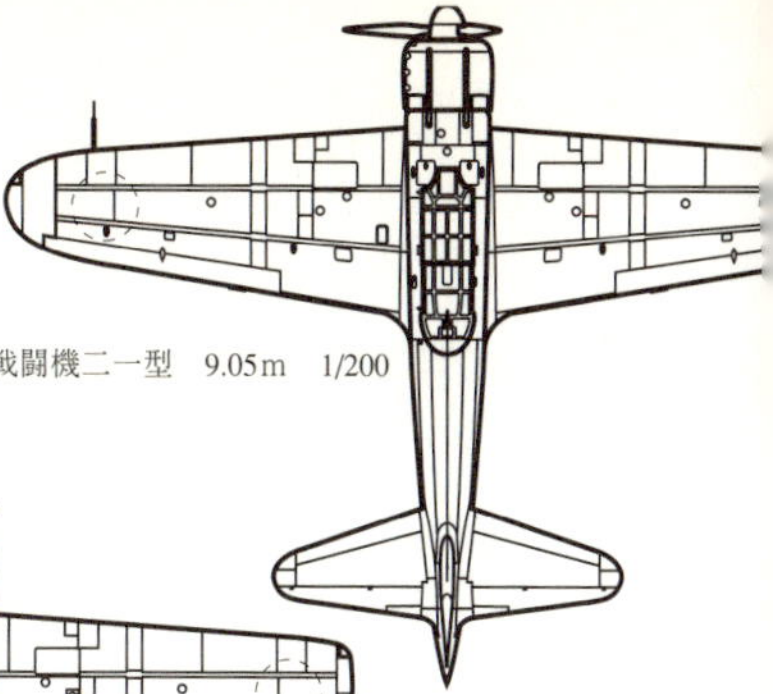

三菱　零式艦上戦闘機二一型　9.05m　1/200

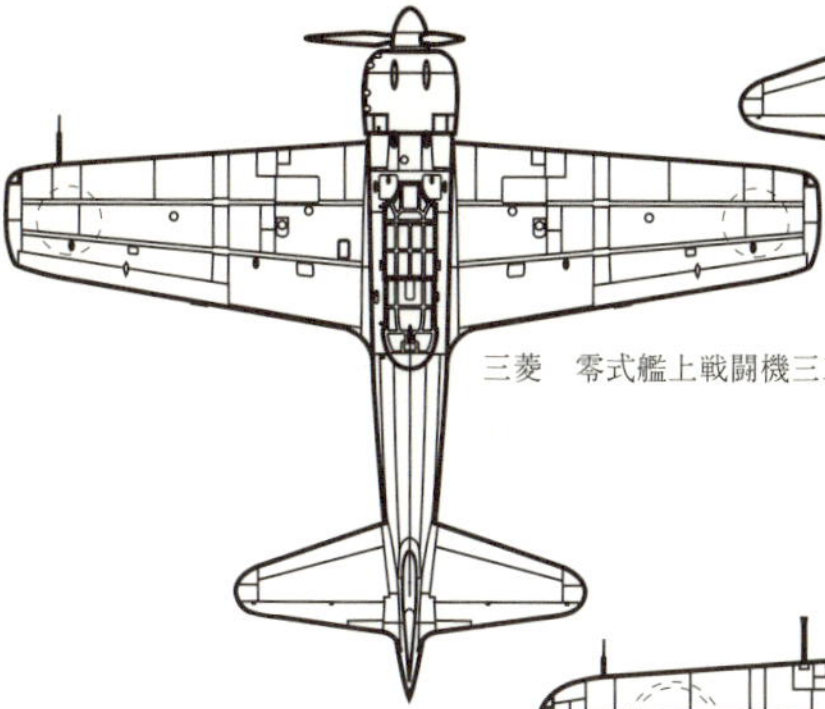

三菱　零式艦上戦闘機三二型　9.06m　1/200

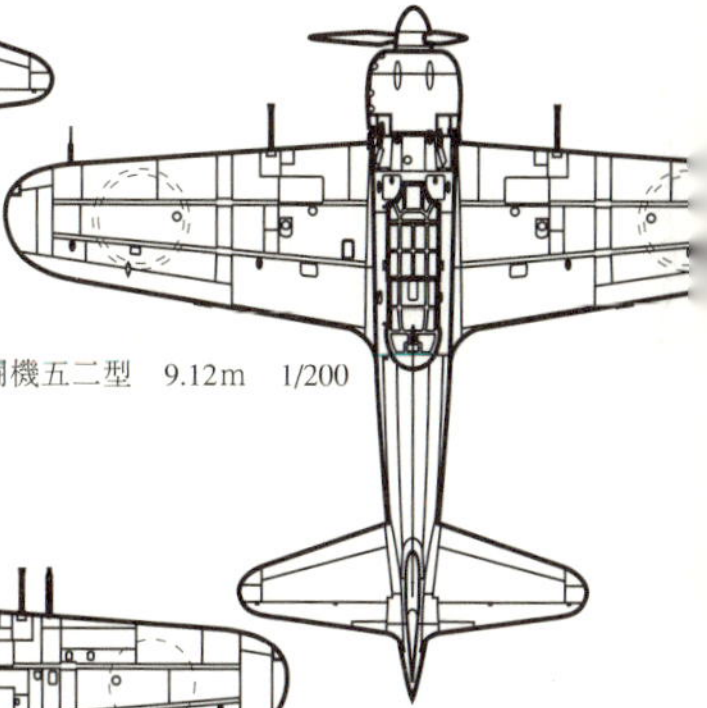

三菱　零式艦上戦闘機五二型　9.12m　1/200

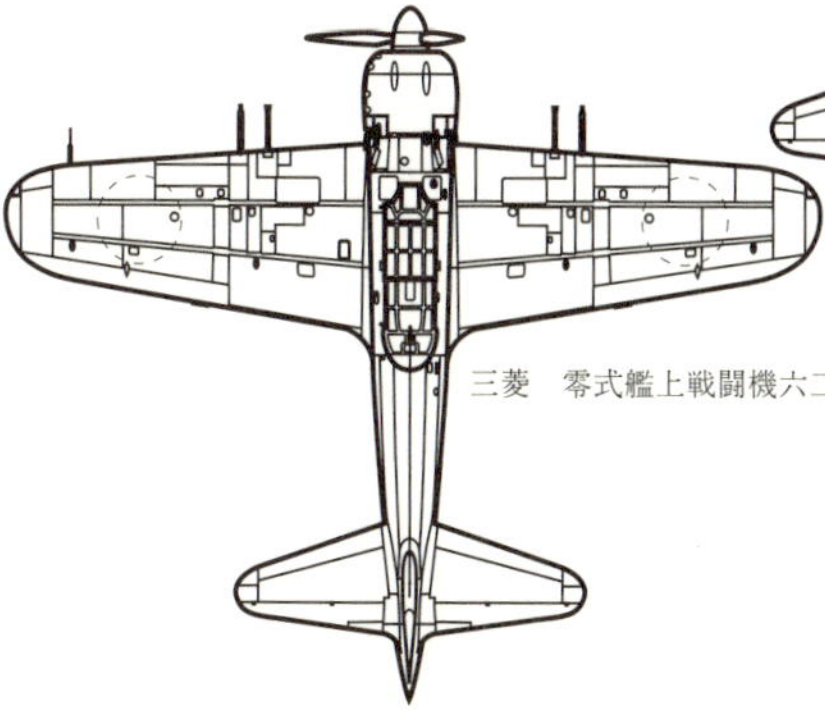

三菱　零式艦上戦闘機六二型　9.12m　1/200

零戦各タイプの平面図

三野 金星エンジン搭載が「理想の零戦」

死んだ子供の歳を数えるような気がしないでもないが、一一型、二一型以後に考えられる理想的な零戦を考えてみたい。主務者の堀越がこの計画に乗り気でなかった事実はあるが、私は現実の後継機*である五二型の改良目的に疑問があり、この点を検討する必要性を感じている。

実戦に最初に登場したのは二一型で、この後最高速度を少しでも高めようとして翼端を矩形にカットした三二型が現れた。しかし思ったほど性能は向上せず、五二型の出現を見る。この五二型は零戦のなかでもっとも多く生産されているが、外観については二一型とほとんど変わりはない。

エンジンもずっと栄のままであった。栄二一型が九四〇〜九五〇馬力、二一改型が一一〇〇馬力(過給器付)、三一型が一一三〇〜一一五〇馬力(水・メタノール噴射)と改良されてはいるが、この程度の増加では根本的な性能向上は望めない。

なぜなら防弾装備の補強、搭載する機関銃弾の追加などの要求で、重量そのものも増えているからである。搭載エンジンの出力を大幅に増加させない限り、零戦は完全に時代遅れの戦闘機になりつつあった。かといって出力が二〇〇〇馬力といった強力なエンジンを積むには、明らかに機体の強度が不足である。

そしてその妥協案が金星六二型エンジンを搭載した六四型である。このエンジンは高度二〇〇〇メートルで一三五〇馬力、同五〇〇〇メートルで一二五〇馬力、最大五分間出力は一五六〇馬力あるにもかかわらず、直径、重量とも栄と大差がない。エンジンが強力になったことで、防弾装備を充実させてもなお性能は向上した。

	最高速度	上昇時間（五〇〇〇メートルまで）
二一型	五三四キロ	七分二七秒
五二型	五六四キロ	七分二五秒
六四型	五七二キロ	六分五十秒

「今さら零戦の改良が必要なのか。昭和二十年の春には海軍の主力戦闘機は紫電や紫電改、雷電に移っているではないか」と思う人もいるだろうが、事実はまったく違っている。それぞれの二十年春以降の生産数は零戦が一〇四〇機で全体の七七%、紫電と紫電改が二四〇機で一八%、雷電が七〇機で五%であった。つまり戦争末期でも零戦は戦闘機生産の八割近くを占めていたのである。したがって迎撃用戦闘機としては紫電改一本に絞り、他は金星を搭

載した零戦の生産に全力を投入すべきという結論になる。

実際に金星を積んだ零戦六四型Ａ６Ｍ８Ｃが試作されるが、完成は昭和二十年四月まで待たなければならなかった。もっと早くから取りかかっていれば、戦局を逆転させることはとうてい無理としても、アメリカ戦闘機とはかなり楽に戦えたはずである。

もちろん五二型のごとく三種の機関銃を搭載するような愚を繰り返さず、弾道性のよい一二・七ミリ四門とし、そのかわり大量の弾丸を用意する。すでに進攻よりも迎撃戦闘が主となることがわかっているから、航続力の減少には目をつぶり、燃料は三割ほど減らす。これにより重量的には二五〇キロほど軽くできるから、その分を防弾装備に当てればよい。もともと空気力学的性能はきわめて素直な零戦であるから、これで大幅に寿命を延ばせたはずである。

金星は最大出力が一五六〇馬力であり、二〇〇〇馬力級のグラマンＦ６Ｆヘルキャットやリパブリック P47サンダーボルトと比較してパワー不足であるという指摘もあるかもしれない。

しかしノースアメリカンＰ51ムスタング（野生の馬の意）も、エンジンの出力は一六八〇馬力なのである。これは軽量化され空力的に洗練されていれば一六八〇馬力の出力でも性能の高い戦闘機となり得ることの証明であり、ムスタングは第二次大戦中の最優秀戦闘機との評価を欲しいままにしている。

金星は完成していたのに、零戦への搭載が二年も遅れてしまったのはなぜだろうか。その原因は一にも二にも航空技術者の数の不足にあると思われる。改良作業の主役はいうまでもなく堀越二郎を中心とするチームでなければならないが、彼らは雷電の試作と烈風の開発に取り組んでおり、完全に手不足であった。

事実、堀越はこのあと過労から結核を患い長期療養を余儀なくされる。結果論からいえば、堀越チームは雷電から手を引き零戦の改良を優先すべきだったのだが……。

昭和十九年にはいると、日本海軍の退潮は誰の目にも明らかになる。しかしもし金星を積んだ零戦が、この年の初めから戦線に現れていれば、その名の通り宵の明星のごとく、再び輝きを取り戻したであろう。

＊後継機（零戦の改良）

一一型から二一型、三二型、五二型、六二型と主なものだけでも五つのタイプがあった。外観的な特徴では三二型だけが、矩型の翼端を持っている。華々しく活躍したのは二一型であったが、生産数としては五二型が七割を占めていた。半分以上は中島で製造されている。

日下　改良のための明確なコンセプトがなかった

まさに同感である。そうするためには、海軍軍司令部は昭和十七年の段階でアメリカの本格的反攻が来年ではなく本年中であると予想しなければいけないし、そのときは局地防空戦になると考えて、シナリオをたてるべきだった。

それをしないのは、海軍に改良のためのコンセプトがないからで、そのため対応が後手後手に回って無駄な努力ばかりしている。いずれは零戦をこのように改良せよとか、次の飛行機はこういうものにするとか、あるいは、「別の会社にやらせるから堀越さんはこの仕事だけに従事しなさい」とか、そういう命令を海軍はまったく出していない。明確なコンセプトがないのが良くない。責任をとる人もいない。

海軍内の発注組織や人材がどうなっていたかという話はいっぱいあるはずだが、悪口になるためか、あまり関係者は話したがらない。これは大きな戦訓であり、会社経営にも大事な話だと思うが、そういう話はしないのが日本の美風らしい。死んだ零戦のパイロットがかわいそうである。

明確なコンセプトがないと、理論ばかりで実戦向きでない飛行機になる。これは他の機種でも言えることだ。

戦後のことだが、鳴尾飛行場に潜り込んで、はじめて雷電にさわったときは本当に驚いた。前は強制冷却ファンがつけられていて、そこからどんどん太くなる。操縦席の脇に立ってみると、いすの下にまだ私が一人立てる程太い。えっ、これは爆撃機じゃないか、と思うぐらい高い。そこからまた急激に細くなる。

堀越の言い訳は、「ともかく風洞実験では紡錘形が一番抵抗が少なかった、太くなるのは気が引けるがともかくこれでいいんだ」というものだ。一方風洞実験の結果に従わなかったのは中島の技術者たちで、絶対にエンジンの直径より太くしないようにしている。これが海軍の偵察機である彩雲や隼になる。

どちらがいいかという議論をすれば、やはり雷電は失敗だった。なにより表面積が大きいので摩擦抵抗がやたら大きい。風洞実験でそれがわからなかったのは漆塗りの模型でやったためで、実機の表面はざらざらなのだ。子供心に「ワックスをつけて磨いたらどうだ」と思ったぐらいで、せめてプロペラの前縁と主翼の前縁ぐらいはワックスを塗ったら違っただろうと、いまでも思っている。

結局、雷電がどういう飛行機になったかというと、意外に最高速度が出ず上昇力だけがあるものに仕上がった。これは航空機のイロハだが、馬力が強く馬力荷重が少ない飛行機は上昇力がある。

さらに雷電は空冷エンジンだったため、リー・アレンの論文に「空冷は先が太いからスピードは出ないが、ラジエーターが不要でその重量が軽い分を馬力の増加にふりあてられるから上昇力だけは勝つ」と書いているとおり、まさに途方もなく上昇力だけがある飛行機となった。これが好きだというパイロットは何人かいたし、突っ込みの速さもあったが、着陸がむずかしく、事故を起こすのが嫌いだという意見もあった。

そういう飛行機になったのだから、たくさん作ってラバウルやフィリピン、厚木に並べておいて迎撃戦だけやらせれば良かった。あるいはトラック島にたくさん並べておいてちゃんと整備をして、パイロットの人数も五割増しにして交代要員をおき、迎撃戦だけやっていれば大したものだったろう。

ただし、雷電の胴体が太いのは別の面で良と出たこともある。後で装備を付け加えるのが楽なのだ。木村秀政*先生は、日本の飛行機は胴体が細すぎて実用性がなかったとおっしゃっていた。胴体を細くすれば軽くなるしカタログ性能もよくなるが、戦場へ行ったら往生する。以後の改造もやりにくいと。

高速の偵察機彩雲のように胴体がきゅっと絞られた飛行機は、装備を付け加えることができない。例えば戦争が長引いて資材が少なくなるにつれ落下タンクはもったいないということになったが、胴体内タンクをつけようとしても入れる場所がない。無線機を積むとかスペアタンクを積むとかもできない。パイロットが助かるよう救命具を入れようということになってもスペースがない。スペースを求めて後ろへ後ろへと詰め込んでいくと、重心がずれる。

天山という雷撃機で昭和十九年に台湾決戦へ九州から飛んでいったパイロットの話だが、グラマンに追いかけられ方向舵をいっぱい踏んで逃げるのだが、どうもいつもより滑りが悪い。どうして今日の飛行機は重いんだろう。そんなことを思いながらなんとか逃げて着陸してから調べると、実は偵察員が飛行機にこっそりビールを一ダース持ち込み、場所がないものだから後部に積み込んでいた。わずかな重量でも後方に詰めば操縦への影響が大きくなるというよい例である。

＊木村秀政
　大学教授。民間航空機研究の第一人者。堀越と同じ年に東大航空学科を卒業し、航空研究所員となる。航研機、Ａ26の設計に従事。人力機の開発でも国際的にも知られる。ＹＳ11の誕生にも大きく貢献している。平成六年死去。

三野　改良するだけの余地がなかった零戦

零戦が活躍できたのは、徹底的な軽量化とそれに伴う迅速な運動性にあった。華奢という表現がもっとも似合う機体では、グラマンに対抗できるだけの大きいエンジンをつけようと思っても強度的に保たない。

例えば航続距離を半分くらいにして、機関砲ももっと発射速度の速いものに換え、防弾板をつければまだまだ使えると言う者もいたが、そういった改造に一番反対したのが設計者の堀越であった。彼は零戦の性能がすでに限界にあることを知っていて、これ以上はどう直しても大して良くならないと考えたのである。たしかに、零戦は最初に活躍した二一型から、三二型、五二型と改良を重ねているが、性能は大して良くなっていない。

陸軍では、初期の一式戦闘機の性能があまり良くなかったので、次から次へと新型戦闘機を出している。しかし、万能戦闘機としての零戦の後継機は結局生まれないままであった。雷電、紫電改も、万能戦闘機ではない。

はっきりいうと、そこが零戦の一番の欠点だったと言えるだろう。つまり、欧米の戦闘機と違い、改良するだけの余地を持っていなかった――これにすべて帰するのではないだろうか。

設計者の堀越自身は、零戦をどう改良したかったのだろうか。『零戦の遺産』（光人社刊）のなかで、彼は「もっともやりたかった、そしてまた可能であった零戦の改良計画」を語っている（ポイントは次のとおり）。

一、金星六二型エンジンへの換装

二、効果的な防弾装備

三、初速および発射速度の大きな二〇ミリ戦闘機（二門）の装備

四、三トンを上限とする総重量の実現

この四項目を見ていくと、彼はすでに十二・七ミリ機関銃では威力不足と感じていたことがわかる。初速が速く（つまり命中率が高く）、かつ発射速度の大きい二〇ミリ二号機関砲二門のみを搭載した軽量・高出力エンジンの零戦が『理想の零戦』であった。これに加えて、本当なら二門の十二・七ミリも積み込みたいところだが、こうなると一門あたり約一〇〇キログラムの重量増加となる。

一一五〇馬力の栄エンジン装備の零戦五二型の重量は、三一五〇キログラムであった。堀越としては、なんとしても一五六〇馬力／三〇〇〇キロが、続々と出現するアメリカの新型

戦闘機に対抗可能な『最低のライン』と考えていた。

グラマンＦ６Ｆが二一〇〇馬力／五八〇〇キロ、ノースアメリカンＰ51が一六八〇馬力／四六〇〇キロという数字から見る限り、金星付零戦はたしかに見劣りしない性能を発揮したものと思われる。もしかすると、人生最後の永い眠りにつこうとする天才的な航空技術者の頭のなかでは、この『理想の零戦』が縦横に飛翔していたのかもしれない。

だが戦中当時、航続距離が短くなってもいいから充分防弾装備をして、金星エンジンを積んだコンパクトな零戦を開発してくれと言われた時、堀越はこれを断っている。その理由を、私はいまでも納得できないでいる。

零戦は強度不足と言われているのだから、三二型のように翼端を切りつめたりするのではなく、強度を上げ中型の戦闘機に改良していればその後もかなり使えた気がする。それにはエンジンの出力を一五〇〇馬力ぐらいに上げればよい。それをどうして断ったのか、なんとなくすっきりしない。

もし堀越が手掛けていたら、太平洋戦争の中盤には零戦をベースにしたいい戦闘機ができたのではないだろうか。陸軍の三式戦に対する五式戦といったかたちに改良できたと思うのだがどうだろうか。

むろん、強度を高める改良だけでも実際は大変なことであったが、馬力荷重を見ると日本の戦闘機は一般にパワーは弱いが軽いから、かなりがんばれたはずだ。

それに、堀越が零戦の成功を知っていながら烈風*という戦闘機を設計したのも不思議だ。零戦であれだけ優秀な頭脳を発揮した堀越グループなのに、烈風はどう見ても駄作だ。昭和十九年四月に完成した試作機は、翼面積三一平方メートル、総重量四・七トンときわめて大きく重いものとなった。三機が試験中に終戦を迎えている。

主力戦闘機にするはずなのに、ガル翼*からいっても寸法からいっても、あの時代にああも大きな戦闘機が生き延びられると考えたのだろうか。烈風と同じ時期に開発されたグラマンＦ８Ｆベアキャットは、アメリカ製の戦闘機とは思えないほど小さくかつシャープな戦闘機である。堀越は途中結核で休んでしまうが、後は適当にやってくれと投げてしまった感がある。

海軍も、あのような大きな飛行機に一三〇〇馬力の誉《ほまれ》をつけたところで、やっと飛べるくらいだとわかりそうなものだ。もっともパワー面ならば当時二〇〇〇馬力のＭＫ９Ａエンジンの完成品があったはずだから、堀越はそれを使えたはずである。現場にいると、そういったことがわからなくなるものなのだろうか。

もっとも零戦に限らず、レシプロ・エンジンの戦闘機で優れた改良機をいくら開発したところで、その寿命はせいぜい一年か二年、結局ジェット戦闘機が実用化されるまでのことである。一九四二年（昭和十七年）八月にアメリカでロッキードP80というすばらしいジェット戦闘機が完成しているから、プロペラつき戦闘機にいかに優れたものができても、数年後にはジェット戦闘機に追い抜かれる運命だった。これは現在でも言えることだが、既存の技術がすでに最先端に達している時、次にどんな技術が来るかを見極めるのは非常に難しい。

＊烈風
堀越らの設計チームが、零戦の再来を目指して開発した主力戦闘機。昭和十九年四月に試作機が完成。翼面積三一平方メートル、総重量四・七トンときわめて大きく重いため大出力の発動機を装着しても、性能は高かったとは思えない。三機が試験中に終戦を迎えている。

＊ガル翼
ガルとはカモメのことで、ガル翼とは途中で上下方向に角度のついた主翼を意味する。有名なのは逆ガル翼を装備したボートF４Uコルセア戦闘機で、主翼を低くできるので、主脚の強度が上がり、爆弾類の搭載も容易になる。F４Uは太平洋戦争だけでなく朝鮮戦争でも活躍した。

日下　命令者が無能だった

一度にたくさんのことを話されたのでどれを取りあげるべきか迷うが、順不同で思い出すことを並べてみよう。

昭和十七年の夏休み、小学校六年生の私は縁故をたどって川西航空機の鳴尾工場を見せてもらった。「海軍大臣の許可なきもの立ち入りを禁ず」と建物の棟に書いてあるとおり、軍管理工場だから滅多な人は入れない。つてを探したところ、守衛長らしい人が子供ならいいだろうと、自分の見廻りに連れて歩いてくれた。

海に向かってコンクリートづくりの斜面があり、そこへ勇ましく飛行艇が並んでいた。まず九七式飛行艇、それから強風（一五試水戦N１K１）、その隣には二重反転プロペラの一四試紫雲（E15K１）水上偵察機もある。夕方になると、爆音も勇ましく着水して斜面を上がってくる。おお、日本にもこんなのがあるのかと思ったものだ。これなら日本が勝てるかもしれないと思った。勝って勝ってしょうがないという頃だったから、そう思うのも仕方がないだろう。

工場のなかも明るい雰囲気で、次はこの新鋭機が出るぞ、という感じだった。機体が上がってくると総掛かりでジェラルミンを真水で洗う。水を浴びながらプロペラが回って水しぶきが散る。

二式大艇も何機も並んでいた。船の科学館に行けばいまでも旧海軍の二式飛行艇の機体を見ることができるが、前から見るとこんなに細いのかといった感じであるのが、横から見ると案外ずんぐりしている。あれはゆったりした火星という大型の強馬力エンジンで、二〇〇〇馬力だったから本当に頼もしく見えた。

二〇〇〇馬力エンジンは戦闘機用に小型のものも必要で、昭和十年ぐらいから開発に取りかかっておくべきだった。まずは爆撃機用エンジンとして大きくともよいから強力なものを造り、徐々にコンパクトにしていけば良い。むろん開戦には間に合わなかっただろうが、戦中には完成できたかもしれない。

だが当時の小型エンジンは、一〇〇〇馬力の栄と一三〇〇馬力の金星しかなかった。続いて誉を造るが、これが故障だらけで使えない。小型の安定した二〇〇〇馬力エンジンをとうとう国産化できなかったことは、烈風の性能にも影響を及ぼした。

こう書くと、「それはおかしい。烈風の頃には小型で二千馬力のエンジンＭＫ９Ａ*ができていたはずだ」と言う人がいるかもしれない。私は今回三野さんにもらうまで仮空戦記を読んだことがなかったからそちらは詳しくないのだが、何でも烈風にＭＫ９Ａを積んでいればという戦記があるらしい。堀越二郎も、「三菱にはＭＫ９Ａがあったのだから使えばよかった」と自著に書いている。中島飛行機製のエンジンである誉を使えと海軍に命令されたので残念だったと述べているから、皆そういうものかと思っているのだろうが、ここで考えてみてほしいのは、その時点で三菱のＭＫ９Ａはいったい何台できていたのかである。

実はあのエンジンは完成品が二台しかなかった。それも熟練した職人が舐めるようにさするように仕上げ、やっと動くのが二台あるというレベルだ。二〇〇台造れと命令されて早速に造れるものだったのかどうか、架空戦記ではそこまでは考えない。

もともと堀越はＭＫ９Ａを前提として烈風を設計しているのに、完成品は二台しかない。そこで海軍は誉にせよと命令する。結果として馬力不足にならざるを得ない。誉で失敗した後、残っていた一台を烈風に装着したところ計算通りの性能が出たと書いている。

堀越は当初、ＭＫ９Ａが改良され二四〇〇馬力くらいになると聞いたのではないだろうか。それにちょうどいい飛行機をというので、烈風はああも馬鹿でかくなったのではないだろうか。堀越がＭＫ９Ａの性能向上や量産化を最後まで信じていたかどうかはわからないが、戦争中の設計者がみな異口同音に書いているのは、「新型機を設計するときは、まだ完成していないエンジンを前提にするな」ということである。

土井武夫が三式戦の飛燕を造ったときも、すばらしい機体だったがドイツから輸入した液冷のダイムラーベンツDB601を一〇〇〇馬力から一四〇〇馬力に改良するという前提が実現しなかった。烈風もそれと同じだ。一方、本家のドイツは改良を実現したし、ダイムラーベンツの師であるイギリスのロールスロイスは、楽々と一八〇〇馬力化、二〇〇〇馬力化をやりとげて、スピットファイアに搭載している。

もっとも仮に二五〇〇馬力のエンジンができ、それを搭載した烈風が一〇〇〇機できていたとしても、その時にはアメリカからグラマンF8FやロッキードP80シューティング・スターが出ている。どちらにせよ、タイムスケジュールを三年ほど前倒しにしなければ役に立つものにはならなかっただろう。

戦争中期から後期に完成した戦闘機は、結局、タイムスケジュールをもっと前倒しにしなければ連合軍に太刀打ちできなかった。そういう点でいうと、一番実現性があり効果も望めたのは零戦か飛燕に金星エンジンをつけることだった。飛燕は突っ込みと格闘戦の両方を追求してはいるが、ともかく機体強度があり、グラマンF6Fより急降下速度が高かったから一撃離脱戦法で善戦したに違いない。五式戦なら、タイムスケジュールを二、三年早くするのは簡単だ。エンジンは金星がすでに量産化されているのだから、設計者や生産者に背伸びをさせることはない。ただひとつ、命令するだけでよかった。だから私は、命令者が無能だと言いたいのである。

小型の二〇〇〇馬力エンジンも、昭和十年頃に命令していれば造れたかもわからない。しかしそのためには、これが大事なことだが三菱の熟練工を絶対に兵隊にとらないという条件が必要だ。

もっと遡って言えば、昭和十三〜十四年にアメリカから工作機械を大量に買っておくべきだった。精度の高い工作機械がなければ二〇〇〇馬力エンジンは造れないからだ。だがそのためには中国で不必要な戦争をやめ、陸軍の予算をこちらに貰わなければいけない。海軍も戦艦づくりをやめねばならない。ということになると、だんだん実現の可能性が薄くなる。

＊ＭＫ９Ａ航空発動機

三菱が開発した空冷エンジン。ハ—２１１とも呼ばれ、Ａを一型、Ｂを二型と称した。重量は九八〇〜一一五〇キロと比較的軽いが、出力は最大二千二百馬力（離昇五分出力）を発揮する。ただし試作と量産試作が何基か完成しただけで、終戦を迎えた。

三野　どれも中途半端な「零戦後継機」

試作から初飛行の時期を合わせてみると、零戦は約一年の間に限り最新鋭機だったということになる。初飛行は零戦が一九三九年四月、グラマンF４Fが三七年十二月、バッファローが三八年一月、P39が三八年四月、P40が三八年十月で、半年か一年ずつ、アメリカの戦闘機のほうが古い。

この原因はアメリカの怠慢で、戦争がヨーロッパで始まっているのに何もしていない。ヨーロッパで三九年九月から戦争が始まっているから新戦闘機の開発計画を急げばいいのに、四一年十二月まで意外にぼやっと過ごしている。日本のほうは日中戦争をしていたから一生懸命だった面がある。この差は大きく、実戦でも日本軍は鍛えられていた。

昭和十八年の秋頃になってくると、ニューギニアにアメリカ陸軍のP47サンダーボルト、海軍でF６FヘルキャットとF４Uコルセアが現れ、零戦の苦戦は戦術ではなく、能力の差としてもはっきりと出てくる。日本はあわてて海軍でいえば雷電や紫電改を造り出すが、どれも中途半端で零戦の後継機にならなかった。雷電はともかく、紫電改はもうちょっと早くから開発に取りかかって大切に育てていれば、長距離進攻作戦は無理かもしれなかったがかなり使える戦闘機になっただろう。

その運命のわかれめは、第一に昭和十七年という年をどう費やしていたかにある。勝利の提灯行列ばかりして舞い上がっていたつけが現れたのである。

さらに、紫電改や雷電ができた後も、あいかわらず零戦の五二型を大量に造っている。途中で製造ラインを取り替えるのは大変だったろうが、もはや零戦がだめだということを、この頃にはみんなわかっていたはずである。一方連合軍では、F6Fが意外と負けるかもしれないからといって、すぐにF8Fベアキャットに移っている。

ところが日本側が何をしていたかといえば、紫電改や雷電がうまくいくかどうかわからないうちに、次世代の戦闘機である烈風にとりかかっている。

烈風を零戦の再来と言う人もいるが、こちらは非常に大きな飛行機で翼長が十四メートル以上ある。シミュレーション小説の好きな人は烈風さえ出てくればというが、この図体で一八〇〇馬力程度だから、とてもではないがF8Fには勝てっこない、という気がする。

日下　後継機開発は時代に追いつけなかった

陸軍の一式戦闘機隼はいろいろ問題がある飛行機で、零戦に比べ、機体設計が違うとエンジンが同じでも性能に差がついてしまうという典型的な例だ。その後陸軍は、二式（鍾馗）、三式（飛燕）、四式（疾風）、五式と新型の戦闘機を開発していくが、海軍の零戦のように改良型を次から次へと出すのとどちらがよかっただろう。

零戦を大量に作って、陸海軍両方で使えばかなり違ったはずだが、組織や人事を大事にする軍のことだから、中島にも隼を発注して儲けさせてやろう、そんな気配りだったに違いない。陸軍と海軍で開発予算は同額と決まっていたが、そもそもこれが余計なことだった。

零戦を愛する心で言えば、部分改良で相当使えると考えたくなるのは当然だ。零戦のウィークポイントである防弾能力の改良でいえば、五二型がまさにそれで、背中に防弾鋼板を置きガソリンタンクにも外装ながらスポンジをあてた。外板を厚くして、急降下制限速度も何十ノットか向上させている。

だが、相手国もうかうかと改良機を見ているわけでない。アメリカ軍は五二型を捕獲し、完全に飛べるように調整してサイパン島攻略の前に模擬空中戦をやっている。部分的だが上昇力がＦ６Ｆよりよかったため、くんずほぐれつ式の戦闘をやっていると五二型の方がだんだん上空に占位して有利になることがわかった。それで大反省をして、戦法を変え、次は軽くしようと開発されたのがグラマンＦ８Ｆである。これはエンジンはＦ６Ｆと同じだが、ぐっと軽く作り、上昇力を上げている。

五二型ではエンジンも金星にしようという話があったが、重量が栄より五〇キロほど重くなるため、脚も丈夫にしなければならないからとやめになった。だったらむしろ飛行場をコンクリート滑走路にすればいいのだが、結局は栄でがんばろうと決まる。エンジンの出力を一時的に増すのに水メタノール噴射が有効らしいと、むりやりそういうことにして飛びついている。これらのアイディアの集大成が五二型であった。改良点は評価するが、この程度のことなら命令さえあればもう一年早く作ることができたはずである。

では紫電改の方がいいかというと、たしかに零戦よりはいい。だが、グラマンＦ６Ｆと戦えたかというと、先に言ったように、要地防空の任務は放棄して、一番最後に帰って行く編隊三〇機に味方の三〇機をぶつければ勝てたという哀れなレベルで、四つに組んでの話ではない。つまり昭和二十年になると日本のエリート部隊と向こうの平均的な部隊とが、部分戦でほぼつりあう戦力だったのである。

何より残念なことだが、いよいよ紫電改になったときには、もう誉の品質は低下して故障だらけだった。昭和二十年になってから、紫電改は月産五〇機とか一〇〇機とか出ているが、川西航空機の全社員と全工員が二万人ぐらいで作っていた。

月産一〇〇機もあればいい方で、この数ではようやく松山海軍航空隊一つを維持してそれでおしまいである。あの頃はノルマ主義で、最終目的など考えず、何機作りましたの官僚主義でやっていた。旧ソ連やいまの中国と一緒で数字は水増し報告だらけだ。

故障機だらけで安心して使える機体が半分くらいだった松山海軍航空隊では、その貴重な機体を訓練でどんどん壊した。パイロットも負傷するし、もちろん撃墜もされる。一〇〇機造ったところで減る方が多い。川西の社員たちは、その頃私たちはけなげにがんばったという話をいまだに語り伝えて溜飲の無理下げをしているが、これでは無理下げせずにはおれないだろう。

紫電改の開発にもっと早くからとりかかればよかったのだが、完成したのは昭和二十年だった。ということは、その前の強風という水上戦闘機の開発を初めから止めればよかったのである。

強風の開発に取りかかった当時、日本は大いに進攻する予定だったから、飛行場が未完成でも大丈夫なようにと水上戦闘機を作る必要があった。しかし、相手がオランダとかオーストラリアなら二式水戦（零戦の水上機型）で充分役に立ったから、その後継機である強風にはもはや目的がない。そういう戦争はもう起こらないのだから、作ること自体が間違っている。

だが「そんな戦争は起こらない、だからやらない」という決心をつけないまま、だらだらと造り続けている。こうして何十機かできた強風は、琵琶湖上空に入ってきたグラマンと戦っている。だが、大きなフロート（浮舟）をつけた水上機が陸上機と戦ってうまくいくわけはなく、悲劇的な結果に終わっている。

「陸上戦闘機の紫電改をつくれ」と昭和十四年に川西に命令していれば、昭和十八年には実戦配備ができたと思うが、多分海軍のトップは「川西は水上機」という思いこみが強かったのだろう。それからブランド志向で堀越ばかりを追いかけた。ここにサラリーマン的保身を感じる。

三野　時代の変化を読みとれなかった陸軍

零戦の開発が順調だったことは一章で述べたが、それと対照的なのが、陸軍の新しい主力戦闘機一式戦隼である。

零戦と隼は外観もよく似ているうえ、搭載したエンジンも同じで、したがって寸法、性能もそっくりといってよい。性能の方は隼がすべての面でわずかに劣ってはいたが、欧米の航空ファンが時々間違えるほど、零戦と隼は似ているのである。

ところが、開戦時には、隼はなんと四〇機しか用意されていなかった。当時の陸軍の主力は、五四〇機の九七式戦闘機だったのである。

九七式は海軍の九六式より一年後に制式化されたものだが、あいかわらず固定脚であり、武装も七・七ミリ二門と、運動性、信頼性こそ高かったものの弱体な戦闘機であった。もちろん陸軍もこのことに気づいており、だからこそ一式戦隼を開発している。一式戦も零戦と同時期である昭和十四年一月に初飛行している。にもかかわらず、いま述べたとおり就役は遅れに遅れた。これはどのような理由からなのだろうか。

いってみれば一にも二にも陸軍の航空関係者の無理解、より端的にいえば、新しい戦闘機、そして空中戦に関する認識不足ゆえと言い得る。なんのことはない、軽量で小型の九七式への執着を捨てきれず、できあがった新戦闘機隼の試作機を一年近くにわたって放っておいたのである。実際のところ、隼は零戦と比べて必ずしも新しくはなかったのだが、陸軍の用兵者たちは、それさえも受け入れようとはしなかったのである。

さらに、隼の武装はなんと七・七ミリ一門、十二・七ミリ一門（一型）であり、零戦と比べものにならないくらい貧弱であった。口径の合計数は隼二〇・四ミリ、零戦五五・四ミリとなり、単純に比較しても二倍以上の差となる。戦闘機としての全般的な能力も、零戦の一〇〇に対して隼は八五ないし九〇というところであろう。しかも先程述べたとおり、戦闘に投入できる数は五四〇対四〇と、一〇倍以上の開きがあった。

太平洋戦争中、陸軍の戦闘機部隊はそれほど活躍できなかったが、この最大の責任は時代の変化を読みとれなかった航空関係者にあったといえるのではないだろうか。

開発段階でも、零戦に比べ隼は、軍の要求を聞き入れすぎてしまっている。軍人のほうが技術陣よりもずっと遅れていたにもかかわらず…。用兵の重要性はよく言われるが、武器もそれと同じで使い方がうまくなければどうしようもない。隼の場合、使う側が新しい戦闘機を使いこなせないものだから、古いタイプ九七式戦闘機に固執したところがあったようだ。こうしてみると、海軍のほうが新しいものを採り入れるのに抵抗がなかったことが、零戦にとって有効に働いたと言える。

この意味から一方の零戦は、『良き育成者に巡り会った幸運な戦闘機』と呼べるかもしれない。

日下　零戦がもたらした「遺産」

「日本の工業力の水準が低かったため、軍用機について設計はよかったが製造ができなかった」――堀越は、開発時の環境について、そうとしか言及しなかった。続く論者たちも大体同じことしか言わないので、そういうことになってしまっている。

むろんその通りではあるが、日本の工業水準を前提とした場合、これ以上の飛行機は造れないと言うのなら、もうそこで戦争をやめるべきだった。なぜなら、もはや戦争を続けても勝てっこないからである。その点ドイツはジェット・エンジンとかロケットとか次の新兵器があったから、その登場までがんばる意味があった。日本には次がないのだから本当におかしい。

現状認識という点で言えば、烈風にMK9Aというエンジンを積めればどんなにすばらしかっただろうという意見に対し、量産化の点で無理だったことを以前に述べた。エンジンは金属と金属を隙間なく組み合わせるものだが、高馬力エンジンは高精度を要求する。それまでの一〇〇分の一ミリレベルの精度の工作機械では無理なのである。結局、熟練した職人が舐めるようにさするようにしてアタリをつける。

この点を言及する人は少ないが、当時の技術者はよく知っていたことだ。三菱発動機の技術者もよく知っていたし、中島飛行機もよくわかっていた。

だが、そう直言する人はいなかった。聞く人も上にはいなかったらしい。

これは、日本の会社が現在あちこちでぶつかっている問題と同じである。トップが、我が社は体力があるし底力もあると言ってゴルフばかりしている間に、経済がおかしくなってしまったというのと同じである。下はなぜ上に対し何も言わないのか。上には直言に耳を傾ける人物がいないからか。

さて、老婆心ながら、ＭＫ９Ａなどの二〇〇〇馬力級エンジンの製作がなぜむずかしかったかを、ここで簡単に説明しておこう。

ほとんど同じ寸法、同じ重量で二倍の馬力を出す方法は、回転数を二倍にすることである。そのためにはガソリンの爆発圧力を二倍にしなくてはいけないが、そうなると金属と金属の接触部分を正しく仕上げなくてはいけない。凹凸があるとガスがもれるし、振動が出るし、摩擦熱で表面が溶ける。空気やオイルを送って冷却すると、それに馬力が喰われる。

というわけで、二倍の爆発圧力や回転数に耐えるため、平面はあくまで平面で、円は真円に工作しなければならない。工作精度が一〇〇〇馬力の時はその精度は一〇〇分の何ミリ単位でよいが、二〇〇〇馬力の時は一〇〇〇分の何ミリ単位になる。

シリンダーとピストン、弁と弁座、ピストンロッドとクランクピン、クランク軸と軸受け、カムロッドとカム、ギアとギアの接触部分が耐久性の決め手だが、アメリカやイギリスには高精度の工作機械があるから苦もなく実現する。

日本の工作機械は精度が一桁下だから、凹凸をとるために、完成後組み立ててからお互いをこすり合わせる。モーターでまわしてなめらかにしたり、熟練工がスクレーパーというナイフで凸部を少しずつ削る。ベンガラという赤い塗料を塗ってまわしてみて凸部を発見するが、これを『アタリをとる』といった。このように、誉もＭＫ９Ａも日本ではほとんど芸術作品だった。

飛行機の性能は最終的にはエンジンの馬力によるから、零戦の能力の限界は結局は工作機械だったということに落ちつく。日本が独自で二〇〇〇馬力エンジンを量産できたかどうかとなると、栄用の工作機械を使っていてはアメリカを越えられない。ならば、精度の良い工作機械を開戦前にアメリカからもっと買っておけばよかった。

アメリカは大不況からの脱出に苦しんでいたから、いくらでも買えただろう。民需用に偽装して自由に売ってくれる時代があったのだから、その時にどんどん買えばあんなことにはならなかった。

のちに日本は、飛燕の作成のために、お手本であるメッサーシュミットにも使われているダイムラーベンツ６０１*というエンジンを国産しようとする。だがクランク軸がうまくつくれず、ドイツに潜水艦でクランク軸を送ってくれと頼んでいる。ドイツはこれに対し、そんなものを造れないとは不思議だと言った。これには熟練も何もいらない、ボカンボカンと叩けばできてしまうものだと言う。しかし、その叩く機械が日本にはなかった。

私は当時中学生で工場へ勤労奉仕に行っているが、工場の真ん中にどかっと座っている一番立派な頼もしい機械は、大概がアメリカ製やスイス製だった。それが一月に一〇〇〇本造れる機械なら一〇〇〇本造るとそれが量産の限界で、後はいくら捻り鉢巻きで頑張っても駄目なものは駄目である。こういった機械をもっと買っておけばよかったけれどもその着想がなく、予算は軍艦建造や中国大陸への出兵費に浪費されている。

この教訓は戦後に残って、日本は今は工作機械でアメリカに完勝している。もっともアメリカは金融・流通・通信など別の分野に戦場を移しており、そちらでは再び日本に完勝している。戦後日本の成長は、戦時中の失敗から生産性の向上の重要性を身にしみて知ったことから出発している。戦中にまともなエンジンを作れなかったという教訓から、まずはちゃんとした工作機械をつくろうと考えた。

あれだけの空襲にもかかわらず軍需工場は六割が生き残っており、彼らは当初鍋や弁当箱を作って糊口をしのいでいたが、すぐエンジンを作り出した。そのエンジンを自転車につければオートバイとなり、これが例えば本田技研になっていく。少し無骨なのでは、オート三輪というのが単シリンダーのエンジンで、これもヒットする。なぜ日本は三輪なのか、四輪はないのかとは思ったが、復興が目にみえてわかり嬉しかったものだ。

反省をもとに、「まず工作機械だ」「それから仕上げだ」と国産技術を磨き、特にミクロン単位の精度を出すようにしたのが成功だった。熟練工に頼らずに精度の高い工作機械を使えば、精度の高い製品ができる。道具が根本であると骨身にしみていた。

骨身にしみると人は動き出す。必死で工作機械をつくり、ついにアメリカの工作機械の会社を全滅させ、現在アメリカで使われている工作機械はみんな日本製であるというところまでいった。韓国や中国でも、半導体の国産化を誇るが、生産現場で動いている機械はみな日本製である。我々は製品をつくる機械をつくったのである。これは、零戦がもたらした非常に大きな遺産だろう。

しかし、零戦の遺産とは何かと考えたとき、出てくるのが工作機械とか六章で述べた設計者のバランス感覚とかでは、何かものが小さいような気がする。ドイツの場合、戦争契機の技術の遺産としてはロケットやジェットエンジンが残されている。イギリスもドイツも、スピットファイアやメッサーシュミットを造るかたわら、すでにジェットエンジンを造っていた。アメリカはグラマンのかたわらで原子爆弾を造っていた。イギリスは、原爆についてはこれは今度の戦争の役には立たない、今度の戦争に使う気はない」と達観した上でやっていた。

だが、日本にはそんな見識はなかった。そういった革命的なことをしていなかった点はまことに残念である。むろん、当時の工業レベルや経済状況を思えば、これはもう仕方のないことではある——というのは通説であって、仕方がないとは言いきれない部分もある。もしも日本のトップに、原爆は可能性がある、だからやろうという発想があれば、ヒットラーに追われたユダヤ人の原子力学者をドイツから多数日本に呼ぶことは可能だった。アメリカよりも先に成功したかもしれない。

諸外国が手にした遺産に対し、零戦が日本に残した教訓はその時点で最善を行なうということだ。ただし、それは仲間全体が同意する最善という条件付きだから革新性が低い。したがって後が続かないから、長期戦をやるとだんだん負けてしまう。昭和十七年にはたしかに世界最強であったが、翌年に用意しているものがない。

零戦ではブレイク・スルーやマドル・スルーをしたが、プロジェクトをより大きな視野で概観する人がいなかった。この点も一つの教訓であろう。

＊ダイムラーベンツ601発動機

日本名ハ40。第二次大戦直前にドイツのダイムラー・ベンツ社が送り出した液体冷却（液冷）直列エンジン。初期型は出力七五〇馬力だが、改良を重ねて二一〇〇馬力に達した。飛燕、海軍の彗星艦上爆撃機D4Yなどが、ハ40を装備したが、製造技術は未消化のままであった。

第9章　戦略としての環境整備

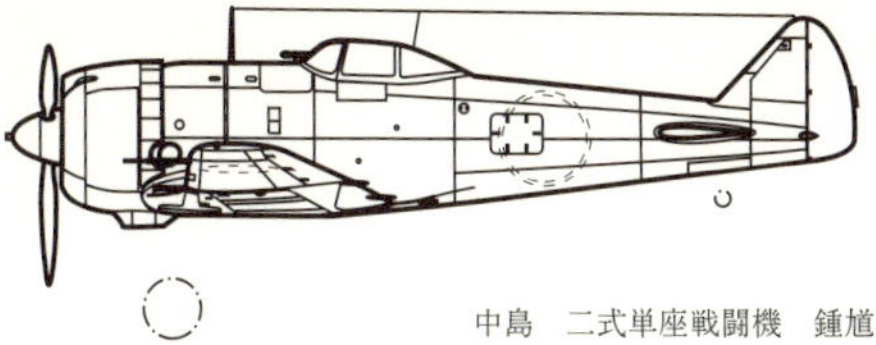

中島　二式単座戦闘機　鍾馗二型甲　8.75m　1/150

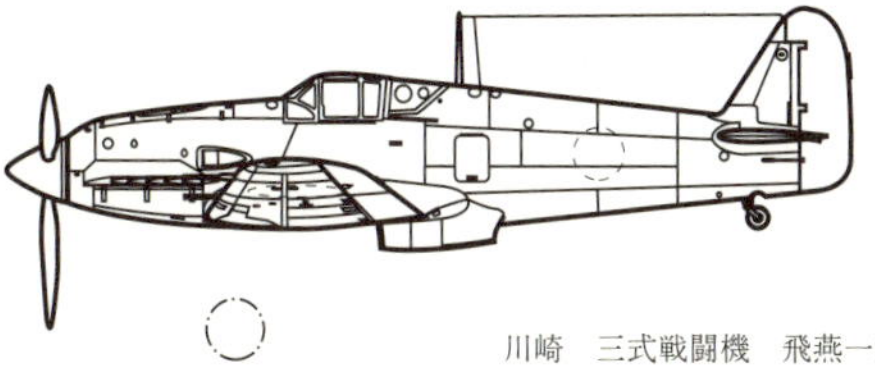

川崎　三式戦闘機　飛燕一型丙　8.74m　1/150

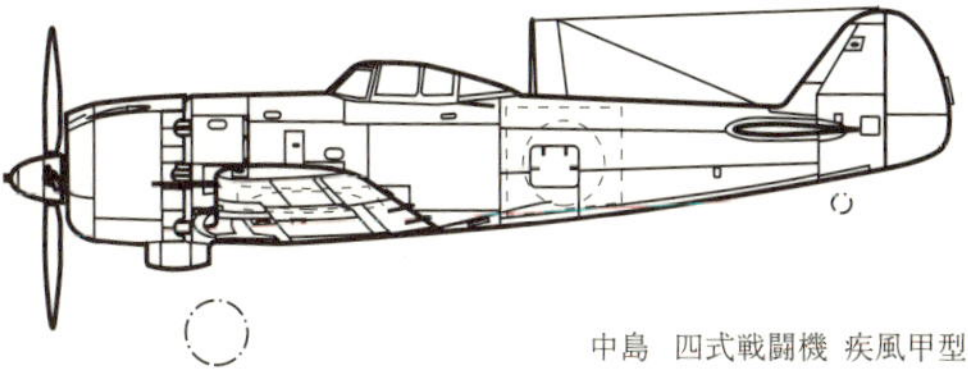

中島　四式戦闘機 疾風甲型　9.74m　1/150

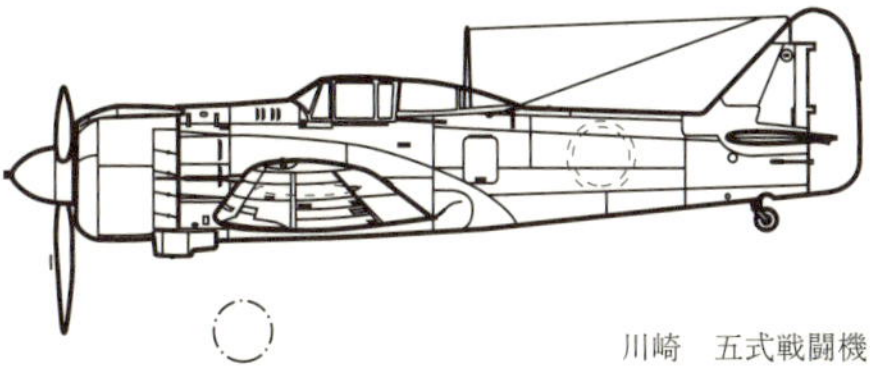

川崎　五式戦闘機一型乙　8.82m　1/150

日本陸軍の主力戦闘機の変遷

三野　ドッグファイトとヒット・エンド・ラン

緒戦での零戦の勝利の要因として、ベテランのパイロットの技能と航空機の性能が非常によくマッチしたことがあげられる。零戦が登場初期からすぐに活躍した理由は、少数精鋭主義で徹底的に技能をたたき込まれたベテランパイロットのおかげだろう。

日本は昭和十二年から中国と戦争をしており、参戦していた陸海軍の航空部隊のパイロットたちは、早くから実戦の経験を積み、これを後輩たちに伝えていった。戦闘もスポーツ競技と同じで、訓練や練習ばかりしたところでその力には限界があり、実戦経験の有無が戦闘能力に大きく影響する。日中戦争の経験はパイロットたちに多くの情報をもたらし、体験も積ませたのである。

一方、アメリカ陸海軍の航空部隊については実戦機会はなく、戦争に対する危機感もヨーロッパに比べ薄いため、パイロットの訓練に大きな差が生じていた。操縦者と空中勤務者の数はアメリカ側が多かったのであろうが、太平洋戦争の初期には、実戦経験の差はそのまま戦果と損害に表れる。

だが、零戦の完勝時代は長くは続かなかった。犠牲の多かったアメリカ側は戦友の血によっていろいろな戦術を学び、昭和十七年夏以降は零戦とのドックファイトを避けるようになる。

日本は、せっかく操縦技術でアメリカに水をあけながら、その後のパイロットの技量は実に貧弱であった。自転車に乗ったことさえないような若者が徴兵されていたから、零戦を乗りこなすにはかなりの時間をかけて訓練飛行をする必要があった。坂井三郎などパイロットの著書を読むと相当時間をとって操縦を体得していくプロセスが書かれているが、Ａ級をめざすにはなんと一〇〇〇時間の訓練が必要だという。特攻隊のパイロットたちが一〇〇～二〇〇時間の訓練で出撃したことを考えると、かなりの長さである。

もっとも、零戦が設計上特別うまいパイロットを必要とする航空機でなかったことは、車輪の左右の間隔からもわかる。零戦は空母甲板の狭さを考慮して車輪間隔が広くとるなど、操縦性への配慮がなされている。メッサーシュミットやスピットファイア、Ｆ４Ｆは車輪の間が狭いため、滑走の際きわめて安定が悪く、空母から発艦する時にもテクニックを要する。乗り易さに限れば零戦は、いまの若い人たちならスピード感覚が優れているから、一〇～二〇時間ぐらいで単独飛行できるのではないだろうか。

ただし、戦法によっては操縦技術に多くが求められた。メッサーシュミットは一撃離脱でしか戦えない。敵の飛行機を低い位置で見つけ、一気に急降下しながら射撃を浴びせ、さっと下をくぐって逃げればいいから、訓練もこれだけに集中でき訓練飛行も少なくて済んだ。敵機を確実に落とすことまで考えなくて良いから、自分が撃墜される心配も少ないので経費も少なくてすむ。

ところが、零戦が得意としたドッグ・ファイトはどちらかが撃墜されるまで行なわれるから、撃墜される確率が高い上、パイロットの技量が勝敗に関わる。したがって訓練も長期化せざるを得ない。これを考えると、大戦後半の空中戦がヒット・エンド・ランに移行していった理由も、単に飛行機の性能だけでなかったという気がする。

日下 零戦は優秀なパイロットによく合う戦闘機

零戦がとった戦略を見直すとき、ハードとソフトのバランスは重要なチェックポイントである。馬力や重量、それから翼面積、武装といったハードに対し、ソフトではどんなパイロットが乗っていたかが問題だ。平和ぼけのアメリカと違い日本は昭和十二年から戦争をしていたから、鍛え抜かれたパイロットがたくさんいて自信に充ちていた。

私は基本的に連合艦隊司令長官の山本五十六に批判的だが、飛行機の夜間飛行訓練を実施したことについては評価している。もともとは水上部隊の作戦での必要性から、駆逐艦が敵水上部隊に対して夜襲をするからには飛行機も手伝えというものだった。発想の次元は低いが、日本はこれで随分助かることとなる。なぜなら、当時夜間に飛ぶのは冒険野郎だけだった。まず計器が悪いのだから仕方がない。だが、訓練の結果夜も飛べるようになって後々の使い道が広がった。

零戦の開発当初、優れたパイロットたちがいたのはすばらしいことだが、あまりに多すぎた。これはその能力に合わせた飛行機を造ることにつながる。零戦はこのような優秀なパイロットによく合う戦闘機であった。しかしその人たちが戦死したあと、俄《にわか》づくりのパイロットでは零戦を扱いきれない。それに加えてパイロットの養成システムができていなかったから、これが苦戦につながる。

同盟国であるドイツは、登場直後から華々しい活躍をした零戦に興味を持たなかった。その理由は、「一〇〇〇時間も訓練するのはもったいないから」であった。訓練三〇〇時間ぐらいで実戦に向かってもらわなければ困る、ボヘミアでじゃがいもを食べてた農民を乗せるんだから戦闘機もそれに見合ったものであるべきだと、割り切っていた。

だからドイツはメッサーシュミットを採用した。零戦がドッグファイトでしたような三舵の効きが良好でくるくる回る――そんな空中戦をしているようでは負けだと考えたのだ。

おまけに、零戦の優秀なパイロットたちはあいつぐ出撃でくたびれ果てていた。にもかかわらず、翌朝になれば早くから叩き起こされ、また戦っていたのである。どうしてパイロットを二倍つくらなかったのか。飛行機一〇〇機にパイロットを二〇〇人つけて交代すればよかっただろう。

人材難といえば、そもそもの話、陸軍航空隊など必要だったのだろうか。対米英戦で大きい陸戦がないのははじめからわかっていたはずで、唯一の大きな戦いだったニューギニア戦で全滅させられたあと、陸軍航空隊の多くが特攻隊に送られる。あれだけの資材と人員を海軍に供出していれば、戦争設計も変わっていただろう。

こういったことすべてについて、日本人が馬鹿で気がつかなかったとか、国民性だったとかの意見があるが、実際のところ気がついた人はいて、意見具申書は昭和十四年、つまりノモンハン事件*の前から出されている。

「いずれは消耗戦になるからパイロットは二万人養成すべきである。あるいは速成パイロットでも乗りこなせるような簡単な飛行機を作ってくれ」、もう少し具体的なものでは「飛行機一機にパイロットは二人つけてくれ。そうすれば交代でできる」といった提案が実際に戦った人から出されている。

戦争とは人の手で遂行されるものなのだから、飛行機が足りないのではなく、実はパイロットのほうが足りないのだ。しかし上層部はそんな戦争をするようになったら終わりだ、と答えてボツにしている。上申を審査する連中は年寄りで、上海にも南京にもノモンハンにも行っていない。だから、意見の採用が遅れ、手遅れになった頃にようやく採用する。

そういう点は現在の日本も同じで、銀行が潰れてはじめて大蔵省が気がつくといった具合だ。組織の下から報告書や具申書が上がってきても、真剣に状況と照らし合わせず、二進《にっち》も三進《さっち》もいかない状況に追い込まれて、ようやく「この具申はもっとも左様」と気がつく。

それから「そんな戦争になったらおしまいだ」というのはまことにもっともで、正しい答えなのだから、そんな戦争をするようになった時は、さっさと降伏すればよかったのである。

＊ノモンハン事変／事件

旧満州と内モンゴル国境付近で発生した極東ソ連軍と日本陸軍の大規模な軍事衝突。昭和十五年の春から初秋にかけて二度発生し、両軍は航空機、機甲部隊まで投入し激戦を展開。両軍の死傷者は五万人を上回った。このときの教訓が生かされないまま、太平洋戦争に突入していった。

三野　勝敗を分けた日米パイロットの生活環境

『戦力』というものを日下さんはどのようにお考えであろうか。私は、戦力とは最終的には兵器の質と数の積分であってそれ以外ではないと思うが、質、数とは別な部分で、勝敗を分けるような事項もかなりあったのではないだろうか。その例として、昭和十七年夏から秋にかけての日米のパイロットの戦地勤務の状況をとりあげてみたい。舞台は航空戦の最大の激戦地となったソロモンである。

日本軍の場合、部隊が戦い続ける限りパイロットはいつまでも戦地にとどまって出撃を続けることになる。もちろん何日かに一度は休養日があり、基地から離れて骨休めをするし、ときには遠くの温泉地まで出かけ戦塵を洗い流すことも珍しくはない。けれども、それはあくまで状況の判断から与えられるものであって、上層部の好意に頼っていた。したがって、ノモンハン事件の陸軍戦闘機隊やソロモン戦線の海軍戦闘機隊のパイロットたちは、ほとんど休みなしに戦うことを余儀なくされていた。

ところが、同じソロモンにいたアメリカ人操縦者は、次のような勤務体制であった。

まず、前線勤務（戦闘）を六週間続けると、一週間の休暇が与えられる。この時は輸送機でオーストラリアに送られ完全にリフレッシュし、休暇明けに二週間の慣熟訓練を受け、前線に戻り再び六週間戦う。これを原則として三回（前線にのべ十八週）繰り返せば、帰国の権利が与えられる。ただし本人が継続を望めば、再び同じスケジュールとなる。

この体制ならば、ゆっくりとパイロットを休ませることができ、また、戦場へ送り込む前の慣熟訓練では、新しい戦術や新しい機器の使い方を教えることもできた。死ぬまで交代なしで戦う日本人操縦者と、六週間ごとにリフレッシュできるアメリカ人パイロットとでは、空中戦の際どちらが有利かはここに記すまでもない。

交代制で闘うというアメリカ軍のこの制度は、ベトナム戦争（一九六一〜七五年）のときにも採用されており、パイロットは三〇回の出撃、陸軍の兵士は一年間の戦地勤務で、帰国への道が開かれていた。

当然の権利である有給休暇も取らず、年がら年中朝早くから夜遅くまで働いている日本人サラリーマンは、このような事実を知っているのだろうか。軍隊だけではなく、会社の『戦力』にも適当な休養とリフレッシュ・タイムが必要なことはいうまでもないと思うのだが。

大戦に参加した主要な空軍（アメリカ、イギリス、ソ連、日本、ドイツ、イタリア）のなかで、第一線で闘う部隊の支援体制がもっとも遅れていたのはどこだったか。結論から言えば、アメリカ、イギリス、ドイツが充実しており、残りのソ連・イタリア・日本の三か国の空軍は大きく立ち遅れていた。もしかすると日本は、立ち遅れた三カ国のなかでも最悪であったのかもしれない。特に、兵の健康管理については、日本軍のそれは前近代的であった。

生命がけで闘う軍人たちの体調を最良の状態に保つのは、勝利を得るための必須手段だ。これは現代でもスポーツ選手などが同様だろう。なかでも戦闘機のパイロットは、最良のコンディションで前線に送り出さなくてはならない。栄養不足や寝不足では、能力は大きく低下する。

日本の陸海軍もこれには当然気づいており、空中勤務者用の特別な食事、視力保持のためのビタミン剤などを用意していた。また南方の島々では、風土病（マラリア、デング熱など）を防止するための飲み薬を、優先して配布していた事実がある。

しかしその一方で、全般的な生活環境改善の努力を怠っていたことも指摘できる。快適で清潔な宿舎、栄養価の高い食事、充分な医療体制といった条件は長期間の戦闘継続には不可欠なのだが、国力がなかったゆえとは思うが、満たされていたとはとうてい思えない。

まず、兵士たちの小さな敵＝蚊の駆除からいって不可能なのである。蚊は睡眠を妨げる上、風土病や伝染病を媒介する危険な存在でもあった。南方のラバウル、ラエ、ニューギニアで戦った日本軍兵士の手記には、風土病は時によってはアメリカ軍よりも恐ろしかった、とする記述が数多く見られる。画期的な殺虫剤ＤＤＴを豊富に持つアメリカとは、こんなところでも差がついた。病気にさんざん苦しめられた日本軍と異なり、豊かなアメリカはまず防疫作業から手をつけ、生活環境を整備したのである。

余談ながら、このＤＤＴの発明こそパナマ運河を開通させた最大の功労者とする歴史学者もいるほどだ。マラリアや天然痘が蔓延しているパナマ地域で大工事が進められたのも、ＤＤＴが病気を伝染させる蚊を絶滅させたから、ということであろう。

さらにアメリカ軍では、ガダルカナル基地に冷たいビール、ミルクはもちろん、アイスクリームまで用意されていたという。毎日がイモの入った飯で、ごくたまに出される鮭の缶詰が最高のごちそうといった日本軍パイロットとは、雲泥の差があったのである。

日下　奴隷を使ったことのない日本は人の使い方が下手だ

日本の特攻隊は三〇〇〇人が死んだが、日本に爆撃に来たＢ29の搭乗員も三〇〇〇人が犠牲になっている。神風特攻隊と同数の戦死者を出しながら日本空襲を続けたアメリカ軍の強さについても、根本から考える必要がある。

B29のパイロットには、二五回出撃したら後は除隊して帰国できるという規則があった。ベトナム戦争でも何回出撃したらとか、後期では一年間勤務したら帰国と、きわめて事務的だった。そこでみんな数を数え計算尽くでやっているわけだが、日本爆撃を開始した当初は撃墜率が五～六％あったので、B29の搭乗員たちは「これでは二五回もたない」と文句たらたらだった。

ラバウルで戦ったパイロットの戦記を読むと、三野さんのお話のとおり上部の恩恵かまたは軽い負傷で二、三日砂浜で海水浴をした喜びを書いたものがある。私もそこへ行ってみて往時を偲《しの》んだが、淋しく悲しい砂浜で、特別の保養施設があったとは書いてないから、往事もあのとおりだったろうと想像した（火山島だから、砂が黒くてしかも少ない）。

他方、上級司令部のためには温泉があり、日本料理屋があり芸者も来ていたのだから、『将校は商売で兵隊だけが国のため』という当時の流行歌にも実感が湧く。

いくらやる気に燃えても、疲労回復をしないと視力が低下するし、勘が鈍る。それからミスが多くなる。それを考えてバックアップ体制をつくるのがスタッフの仕事なのに、自分の待遇改善の方に権力や資材や知恵を先に使ってしまう司令部は国賊である。建設的な支援を受けられないまま、パイロットも整備兵もへとへとになりながら、戦争を続けていた。当時の日本にはサポート不足の問題が山積しており、それは今も同様である。

　無理をしてこなせばきっとできる。軍隊においてはそう考えて命令を起案する者を馬鹿参謀という。無能な上官は「弱音を吐くな」と言って、殴りつけておしまいにする。なぜなら、陸軍士官学校教育でも海軍兵学校教育でも、部下を殺すのがお前の仕事だと教わっているからだ。部下の立場に同情したらよい指揮官ではないと、教えているのである。神風特攻隊などは昭和二十年になると「アメリカの軍艦よりも馬鹿参謀がいる司令部のほうへ、先に爆弾を落としたい」と、みんな言っていた。

　私が海軍より陸軍を尊敬するのは、働かせ方が数量化されている点である。兵隊を五〇分歩かせたら一〇分は休む、これは小休止である。三時間歩かせたら三〇分休みを取る、大休止である。歩幅は七五センチで一分間に何歩の測度で歩け。より強く歩かせると一時間に六キロ歩かせることができ、これを強歩という。しかし一時間六キロの強歩をさせたら、その後にはこれだけ休みを取れ。連続三日以上は強歩をさせるな、等々。

　こういったことを陸軍士官学校で徹底的に教えるのだ。むろん、いよいよ弾が飛んでくれば七五センチの歩幅など滅茶苦茶になるが、その時には言わなくても兵隊は走るものだ。なぜこうまで数量化されているかというと、フランス陸軍に習ったからだ。

外国では、兵士に旨いものを食わせるとか、金曜日の晩は映画を見せるとか、そういったケアをきちんとやっていた。ひとつには余裕があるからだし、やはり思想がそうなっているせいだろう。総合的に判断をすれば、軍人であっても休ませながら使ったほうが得だ。

アメリカは奴隷を使った経験があるから、どうやれば兵が効率よく働くかを考える伝統がある。奴隷を使い馬や牛を使っていたから、働かせるためのマニュアルができていた。無理をさせれば総合的に損をするというのが、常識として叩き込まれている。

一方日本は、陸軍が行軍の仕方をフランスに習ったことからもわかるように、人を道具として使うノウハウを国産では作成できなかった。奴隷ではなく同じ日本人を使うから、頼めばやってくれるとか怒鳴りつければやってくれるとか考える。相手が自分と対等の人間であるという前提があるので、そのような対応になる。

立派な兵隊だと思うから強くも出るわけで、兵隊も、これは高く買ってもらったと無理をしている。「君ならもしかしたらやれるのではないか」「やってみせよう。やれました」とは麗しいことである。ただ、何とかやり遂げると新しい仕事がまた来るから腹が立つ。

しかし、戦後もそれを繰り返したから、高度成長をした。結果的には奴隷扱いよりは武士扱いの方がいいことだったのだろうが、それにも限界がある。

三野　「撃墜王」は下士官出身パイロットたち

敵機を五機以上撃墜したパイロットをエース（Aces）と呼ぶ。世界の撃墜王《ファイターエース》としては、以下の七名が有名である。

ドイツ　エリック・ハルトマン　三五二機
日本（海軍）西沢広義　八七機
アメリカ　リチャード・ボング　四〇機
イギリス　アルマデューク・パトル　四〇機
ソ連　イワン・ニキートビッチ　六二機
イタリア　フランコ・ルッキーニ　二六機
フランス　ピエール・クロステルマン　三三機

各国の軍隊ではパイロットはわずかな例外はあるものの、すべて士官である。ところが日本の陸海軍では、「曹」クラスがパイロットの半数を占めていた。それだけではなく第一線における戦力は、これらの階級の低いパイロットによって支えられていたのである。これを示す資料は数多くあって、たとえば日本軍の多数撃墜者は次に示すように、陸海軍ともベスト・スリーは士官学校の出身者ではない。つまり軍人のエリートではないのである。

海軍　西沢広義　予科練出身　八七機
　　　岩本徹三　海兵団　八〇機
　　　杉田庄一　海兵団　三〇機
陸軍　篠原弘道　現役召集兵　五五機
　　　穴吹　智　少年飛行兵　四八機
　　　垂井光義　少年飛行兵　三八機

ここに記した敵機撃墜数の数字は確定されたものではないが、ガン・カメラ*で撮影されたものもあることから、一応信じるに足るものと思われる。これだけの戦果をあげていても、軍人としての最高位は垂井光義の大尉であった。たびたび本書に登場する坂井三郎（総数六四機、公認二八機）でさえ、終戦時でも中尉にしか昇進できなかった。

日本の陸海軍では、ともかく士官学校や兵学校を卒業していなければ、出世はおぼつかなかった。海軍兵学校（士官学校）を出ていれば、一年もすれば、ほとんど何もしなくとも少尉になり、三年後には中尉となる。その後も中佐程度には黙っていても昇進する。一方兵学校出身でなければ、早くから海軍に身を投じ、努力を重ねてパイロットになり多大な戦果をあげた者も、最終的な段階としては少・中尉どまりであった。

士官と下士官以下では、宿舎、食事など待遇に雲泥の差があった。それでも下士官パイロットたちは、「階級は下であっても操縦の技量では我々が上である」という誇りをもって戦い続けたのである。

むろん、海軍そして陸軍も、下士官にひとつの昇進の道を残していた。下士官から士官へと進むための課程が設けられ、試験、試験の連続で道はかなり狭いものであったが、最優秀者はこの難関をくぐり抜けることができれば士官となれた。

しかし、海軍はこの者たちと学校出の士官との差をつけたがり、彼らを『特務』少尉と呼んだ。この場合の特務とは情報員の『特務機関』のことではなく、士官学校を卒業していない士官を指している。戦争が激化する頃になって、ようやく特務の文字は消えたが、この事実は、「人間とは、いつも差別化を好むものである」という教訓を、我々に教えてくれる。

他方、ドイツ空軍は日本とまったく逆で、戦果をあげるパイロットはまたたくまに昇進させ、重要な地位にまで引き上げている。そのため二十歳代の中佐や三十歳代の少将まで現れ、彼らは強大なイギリス、アメリカ空軍相手に奮戦した。

もっともドイツでも、戦況が優勢なうちはこれについてのいざこざがあり、階級の高い方が指揮官になっていた。やはり、「俺のほうが階級が上なのに、何で列機につかなくてはいけないのか」という文句が出たようだ。だが損害が大きくなるにつれそうも言っていられなくなり、特にシュワインシュルトの大爆撃で負けてから、カムフーバー戦闘機隊総監などがともかく撃墜数の高いものを指揮官にしろと言い出している。これが空軍通達として命令され、撃墜数の高い者が指揮官になると決まった。

日本もそのくらい割り切ってしまえば良かったが、未熟な士官学校を出たばかりの指揮官が、階級こそ低いが経験豊かなパイロットを率いて出撃するという愚行が繰り返し行なわれている。不思議なことに、陸軍よりはるかに民主的であったとされる海軍でこの状況が多いのである。

この点は現代もまったく変わりがなく、特に公務員の世界では資格だけがものをいう慣習が残っている。つまり一級（上級）や二級（中級）公務員試験を通ったものだけが士官《エリート》であって、これ以外は結局のところ兵隊なのである。

＊ガン・カメラ

戦果を記録する十六ミリフィルム用カメラ。パイロットが機関銃の引き金を引くと同時に作動し、戦果を記録するもので、目視に比べ、正確度は比較にならない。日本ではほとんど装備されなかったが、米、英、独は早くからこれを導入していた。

日下　パイロットはみな士官にすべきだった

遡って言えば、日本に下士官パイロットがいたことが悪かった。これは世界で唯一の例で、アメリカではパイロットの肩書きは少尉から上である。だが、日本には下士官パイロットがいて、彼らは上官に逆らえなかった。アメリカと同じように、パイロット全員を少尉・中尉・大尉にしてしまえば、かなり状況は変わっていただろう。

パイロットはみな海兵出身も含めて、航空という任務の特務少尉にしておけばよかった。少尉は大尉と同じ部屋で飯を食うから、意見もある程度言える。だが下士官では寝泊まりの場所から食事まで別だから、意見具申が一切できない。

いったいなぜ日本が下士官パイロットを作ったのかよく分からないが、消耗品扱いをしたのかもしれない。兵学校出の将校を温存したい気持ちだったのかもしれない。とにかく海軍兵学校の中か外に、航空兵学校を別に作るべきだった。陸軍航空士官学校があったのだからできないはずはなかった。

先にも述べたが、十八年の正月あたりから、新米のパイロットが内地から来ると、古参パイロットが次のように言う。

「お前、内地の学校で習った通りのことを実際の空中戦でやると、すぐに殺されるぞ。習ったことなんか忘れて、俺の言うとおりにやれ」

だが、古参パイロットの警告も実戦にはなかなか効果が出なかった。なぜなら、指揮官として配備されるのは海軍兵学校出の小隊長・中隊長である。肩書きが上だから、みんなはその後ろについて飛ばなければいけない。つまり、学校で習ったとおりのことしかできない連中が先頭になって飛ぶのだ。

「上空に上がったら、肩書きじゃない。実力だ」と、これは坂井三郎が自著に書いているが、「空に上がってまで階級制度が残っているのがよくない」という意見具申がもしできて、それが通っていれば、零戦の悲劇はかなり回避できただろう。

だが、責任をとらなければならないので、司令部は「階級が下でも、操縦のうまい方がリーダーになれ」などといった命令は出さない。特に、小隊長を肩書きで決めるか腕で決めるかは人事に関することで、軍には鬼門の問題だったから、見ないふりをした。

そうするとどうなったかというと、列機が行方不明になってしまう。雲の中を通って振り返ってみると一機もいなくなっている。こんな指揮官についていったら殺されてしまうということで、勝手に離れていってしまうのだ。実際、くだらない指揮官の方が多かったようだ。そのため、パイロットが次第にやる気をなくしていった。

このあたりは現代に応用の利く話だ。例えば、日本のスポーツがオリンピックで負ける話と一緒である。上部団体だけが肥大し、予算と役員は多いが選手をまったく育てられないのである。大相撲もそうで、何もしないで威張る人が上に増えるから、下はやる気をなくしてしまう。

第10章　勝つためのインフラ

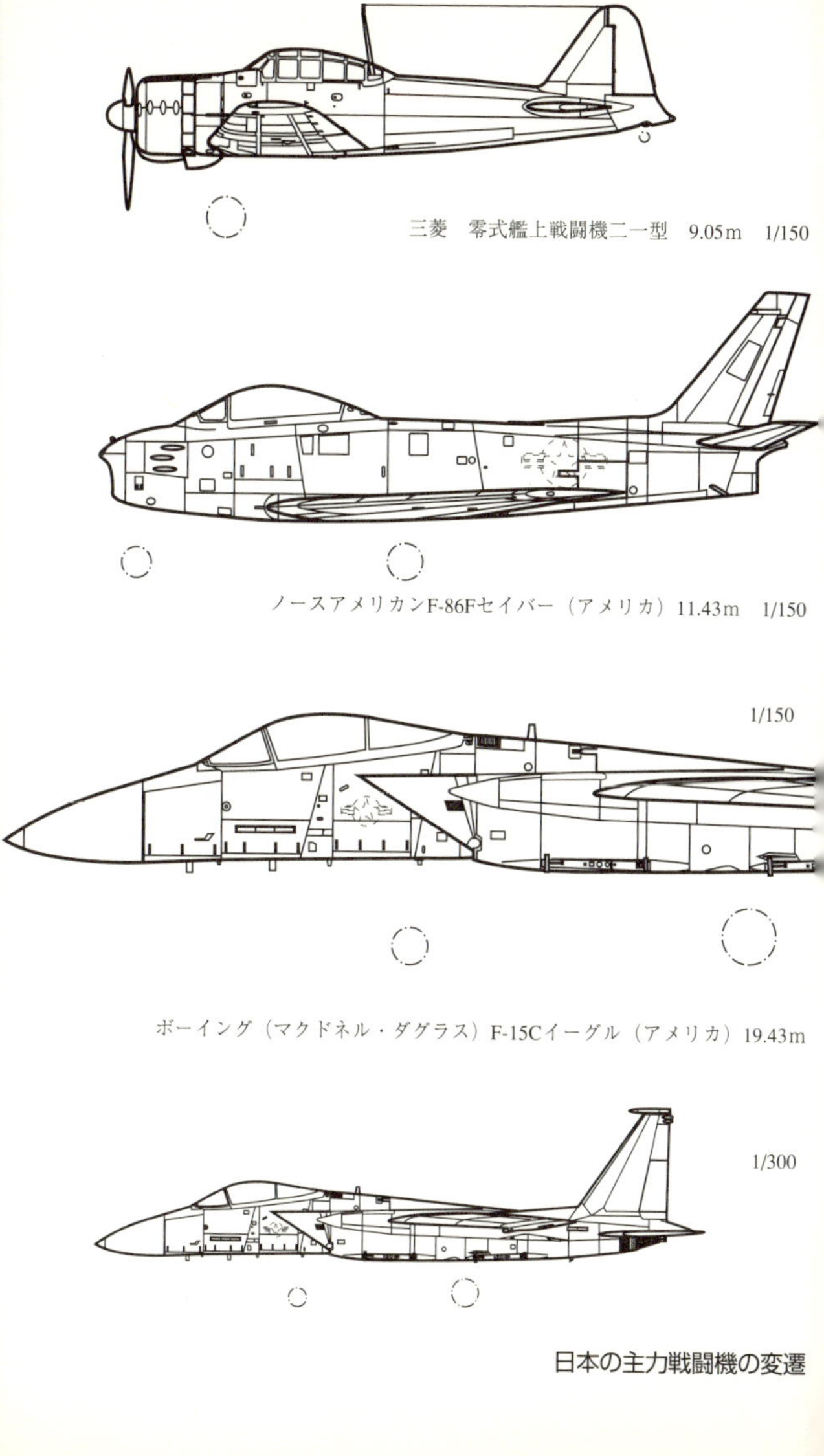

三菱　零式艦上戦闘機二一型　9.05m　1/150
ノースアメリカンF-86Fセイバー（アメリカ）11.43m　1/150
1/150
ボーイング（マクドネル・ダグラス）F-15Cイーグル（アメリカ）19.43m
1/300

日本の主力戦闘機の変遷

三野　規定の性能を発揮させるための必要条件とは

近代戦を戦うためには燃料は欠かせない。古い話だが、日露戦争でも、日本とロシア両国は軍艦を動かす良質の石炭を求めて駆け回った事実がある。第二次大戦ではこれが石油にかわり、連合軍と枢軸軍の勝敗を分ける決定的な要因となった。

枢軸側の日本、ドイツ、イタリアは、最初から最後まで石油の不足に苦しめられた。もともと三カ国とも自国内では石油はほとんど手に入らない。それでも緒戦から二年はなんとか備蓄を取り崩したり、海外から運んできたりしてまかなうことができたが、アメリカが参戦するとまもなく、戦力に余裕の出てきた連合軍は、枢軸軍の石油ルートを徹底的に断つ作戦に出た。

日本と南方（ブルネイ、インドネシア）との間を航行する油槽船が、連合軍の潜水艦によって次々と沈められた。一方ドイツの石油配給源であるルーマニアのプロエステ油田は、数百機の爆撃機によって壊滅させられた。もっとも痛手を受けたのは輸送ルートが貧弱であったイタリアで、一九四三年に入ると軍艦も航空機もまったく動くことができなくなってしまった。

燃料の量が減れば、当然それに伴って質も低下する。現在のジェット・エンジンはそれほど良質の燃料を必要としないが、精密機械の一種ともいえる航空用レシプロ・エンジンは、オクタン価の高いガソリンがないと規定の性能を発揮しないのである。

アメリカは連合軍への燃料供給を一手に引き受け、豊富な百オクタン・ガソリンをイギリスはもちろん、ソ連にまで引き渡した。それでアメリカ、イギリス、ソ連は航空用として百オクタンを使用した。ドイツははじめ九〇だったが、のち八三となった。良質の燃料により、性能的にあまり優れているとはいえないソ連空軍の戦闘機でも、ドイツ空軍に太刀打ちできたのである。つまり、一〇〇オクタン燃料を使っている標準的な性能のソ連戦闘機は、八三オクタン燃料を使っている高性能のドイツ戦闘機と、実質的にほぼ同じレベルだったのである。

日本の場合も昭和十九年頃から燃料の不足が表面化し、それは急速に全土に広がっていく。いまではとうてい考えられないが、アルコールを混ぜたガソリンや、松の木の根っこからとった粗製アルコールまでが航空機に使われた。こうなると規定の出力がまったく出ないばかりか、エンジンの息つきや焼きつきの原因となる。

九七重爆（重爆撃機）、百式重爆、四式重爆に乗っていた人の話だと、離着陸と水平飛行で燃料を使い分けたそうである。昭和十八年以降は二種類のタンクを積んで飛行していたなど、どの資料にも載っていなかったことだ。

当初は九三オクタン価のものを離着陸用に、八七を水平飛行に使っていたが、戦争末期には八七が離着陸用にされ、水平飛行は八三オクタン価の燃料だったという。燃料にそこまで気を使わなければいけない状態で、戦闘ができるのか、というのが正直な感想だった。

オクタン価がいまの自動車より低い。飛べばいいということなのだろうが、いつエンジンが止まるかと思いながら飛行機に乗るのは、さぞ嫌な気分だっただろう。

日下 設計者が考えた性能が実際の戦闘で出せなかった

紫電改をはじめとする後継機が、戦後アメリカに押収されてハイオクの燃料で飛んだらムスタングより速かったといった話がいろいろな文献に書かれている。アメリカがある飛行機を接収し、ハイオクのガソリンを積みオイルもアメリカのものに替えて飛ばしたら、設計者が計算したとおりの性能が出たといったエピソードも、技術者の思い出話として必ず出る。

これは真実に違いない。似たような話だが、毎日新聞主催で昭和十六年にニッポン号*という双発の九六式中型輸送機が世界一周をした際、日本を飛び立ったあと北太平洋を飛び越えてバンクーバーかどこかでガソリンとオイルを入れ替えたら、ばかに調子が良くなったので、こんなに違うものかと思ったという話がある。その頃はまだ戦争をしていないから、アメリカのガソリンもオイルも日本に入っていた。輸入が自由だった時でさえそうだったから、不思議なものである。

燃料の確保については日本側も無視しているわけではなかった。昭和十五、六年頃、戦争するかどうかの研究会が開かれた際、企画院はどのくらい日本はガソリンを持っているか調査をしている。その結果が山本五十六のところへ上がって、『半年や一年くらいは暴れてみせます、後は知りません』という、有名な話になる。

そこで、死に物狂いでアメリカから輸入する。ところがおもしろいことに、開戦前夜だというのにアメリカの業者もまた必死で売ってくれた。ルーズベルト大統領は日本に売るなという命令を次々に出すが、それをかいくぐって売ってくれる。

おまけに、ルーズベルトの命令自体、ちゃんと抜け道を用意してくれていた。例えばドラム缶の寸法がそうで、日本に石油を売ってはいかん、ただし小さいドラム缶ならばよい、とある。するとアメリカの業者は小さいドラム缶を急遽《きょ》大量生産し、石油を日本に持って来た。

それで一時期、日本中にやたらドラム缶が増えた。見渡す限りドラム缶だらけだった。中国大陸でもラバウルでも、兵隊がドラム缶を切って風呂桶にしている写真がある。つまり、実は日本には石油があったのである。戦争の間充分にもち、最後の最後で足りなくなっただけである。

だが、それは一〇〇オクタンのものではなかった。せいぜい、八七オクタンを確保できるかどうかという品質である。開戦前、山本に報告された試算では、航空用ガソリンのオクタン価はハイオクタンとして計算されている。九五くらいでどうか、八七くらいでどうかという程度で、それほど厳密な計算ではなかったが、配慮はなされている。

しかし、南方還送油が昭和十九年になると激減して、昭和二十年の本土防空戦では八七オクタンが不足した。そのため設計側が考えた性能が実際の戦闘で出せなかったのである。

これらは、いわば総合力の問題ととらえることができるだろう。そんなところをテーマにほじくって行くのもおもしろいのではないだろうか。零戦が本当に優れていたとしても、戦争全体から見てシステムが何ヶ所か欠けていたら、残念ながら役にたたない。

例えば、「空地分離（航空部隊と整備部隊を別にすること）」についても、日本は選択を誤った。効率を考えるなら、整備兵は飛行場に所属させ、航空隊につけない方がいい。海軍もそれに気がついたのか、後であわてて空地分離を行なっている。それまでの間、航空隊には整備兵がついて一緒に移動している。航空隊が転戦するようになってからは、「空地分離」でないと戦えない。そのたびについていくのは無理だ。

整備兵はいくら苦労してもいいということなのか。整備兵に苦労をかけると、徹夜で整備して後で「あ、しまった」ということがあるから、結局は損なのだ。飛び上がってから「しまった」では遅いのだが、上部はそこまで考えていない。システムという考え方が、本当に足りなかった。いや、戦後五〇余年がすぎたいまでさえ、いまだに足りないと思う部分は多い。

さらに、当時の空港や基地は草ぼうぼうだったが、あれを全部コンクリートにすればよかった。特に戦争が受太刀になってからは準備して敵が来るのを待っていればいいのだから、造るべきだった。アメリカはガダルカナルで穴あきの鉄板を持っていって敷き、飛行機やパイロットにかかる負担が大幅に軽減されている。

日本は貧乏だからコンクリートなど張れなかったという反論が出るかもしれないが、飛行場は戦争に勝つための直接施設と考えて、フィリピンでもラバウルでも、死に物狂いでコンクリートか鉄板を持っていくべきだった。そういうふうに周辺が助けてやらなければ、いくら零戦の性能が良くてパイロットの腕が良くてもどうしようもないのである。

アメリカに絶賛された鍾馗が実戦で大成できなかったのは、おそらく滑走路が草むらだったからだろう。当時コンクリート舗装の飛行場は千葉県の木更津にしかなかった。すべての滑走路をコンクリート舗装にすると決めて優先して手掛けていれば、いくら資材不足の日本といえ立派なものができ、鍾馗も期待通りの活躍ができたに違いない。紫電の脚の折損も減少したに違いない。だがすぐに「日本は国力がない」と言う。「爆弾一発で壊れたらどうするんだ」とこうくる。

しかし、爆弾で穴が空いた時はブルドーザーが行って埋めればよい。あるいは鉄板を敷いても良い。そのぐらいの鉄板がないわけではなかったのだから。そんなふうに話を発展させないところが、頭が固い。困苦欠乏に耐えてやるのが美しい、そんなふうに思っているから、滑走路は整備されないままだ。あきれたもので、このおかげで着陸時の転覆事故でたくさんの人が死んでいる。

＊ニッポン号

海軍の九六式陸上攻撃機を改造した民間型の輸送機のうちの一機。昭和十四年大毎・東日新聞社がスポンサーとなり、世界一周飛行を成功。飛行距離五万三〇〇〇キロ、飛行時間一九四時間という当時としては輝かしい記録であった。

三野　周辺環境の整備不良は戦力を削ぐ

当時の飛行機はすべてレシプロ・エンジンとプロペラの組み合わせであったため、現代のジェット機よりも離着陸がはるかに容易で、舗装された滑走路ではなく、ごく普通の短く刈り込んだ草地を使っていた。

これだとたしかに風向きに関係なく自由に離着陸でき、さらに数機が一度に離陸できるという利点がある。建設・維持にも費用がかからず、一見したところ申し分がない。したがって日本軍は、陸海軍を問わずコンクリートの滑走路を使おうとしなかった。

だが、その後軍用機の性能が急速に向上しはじめてもその認識が変わらなかったことが、大きな不利となる。

草地の滑走路はコンクリート舗装のそれと比較して、多くのマイナス面を持っていた。そのいくつかは、素人でも容易に思いつくことである。第一に走行抵抗が格段に大きいため、多くの事故につながり易い。特に、重く高性能の戦闘機や爆弾を満載した爆撃機では、発着は格段に難しいものとなる。さらに雨が降り続きでもすれば、しばらくの間使用不能となる。

軍用機が近代化されればされるほど、離着陸の際速度は大きくなり、長く丈夫な滑走路が必要となる。草地では高性能機は運用できないとさえいえる。アメリカ、イギリス、ドイツは早くからこれに気づき、コンクリートの滑走路の建設に踏み切っていた。加えて、迅速に滑走路を作る技術をも開発していたのである。

滑走路を含めた航空基地の建設とその後の運用という面を見ると、日本陸海軍は列強のそれと比べて遅れに遅れており、それが戦力を削いでいたといっても過言ではない。空軍の戦力に舗装された滑走路が大きく寄与するのは、誰の目にも明らかである。

だが当時貧しかった日本の陸海軍に、それを整備するだけの費用が捻出できたのか、といった反論が聞こえてきそうな気がする。たしかにこれも一理ありそうだが、次のように考えられないだろうか。

草地を使用している限り、航空機の性能に限界がある。零戦や隼といった戦闘機ならなんとか草地からでも離発着可能であったが、次の世代の紫電改、疾風となると、コンクリートの滑走路が必需品となった。また、事故率についても、はっきりした統計はないが草地であれば舗装滑走路の数倍となる。これによる機体の破損、乗員の死傷を考えれば、建設費も必ずしも高いとは言えなくなるはずだ。

アメリカが草地の飛行場を早々と見切ったのは、単に豊かであっただけでなく、このような合理的な考え方に従ったためだろう。このことは、航空技術者だけではなく、用兵者、そして広い意味でその運用にかかわるすべての人たちが、近い将来を見通す必要があることを、事実として示している。

アメリカの場合、さらに建設の専門要員を確保し、軍隊のなかに陸軍ではＡＥ（陸軍工兵部隊）、海軍ではＳＥＡ・ＢＥＥＳ（海軍工兵部隊）という一大組織を準備する。

「日本にも、工兵隊はいくつもあったではないか」という声が聞こえてきそうだが、両者はその規模がまったく違う。第二次大戦直前の一九三五年の時点で、ＡＥは一四万人、ＳＥＡ・ＢＥＥＳは五万人の兵員を有し、そのほとんどが土木技術者であった。ＡＥがテネシー渓谷開発計画、ＳＥＡ・ＢＥＥＳはサンディエゴ港湾工事を一手に引き受けた実績もあり、ＡＥ、ＳＥＡ・ＢＥＥＳとも、平地であれば二週間でコンクリート滑走路を持つ飛行場を建設できる、と豪語していた。

一方、日本軍の場合は、工兵隊と軍属（軍に雇われている民間人）が協力して建設に従事するわけだが、その能力は決して高いとは言えなかった。多分、アメリカ軍と同じ条件で同じレベルの設備を持つ飛行場を造るとすれば、少なくとも六カ月を要したであろう。ブルドーザー＆パワーシャベルとツルハシ＆人力のもっこの違いなのだ。付随する給水設備や宿舎、対空陣地などの建設も考えあわせれば、その差はますます広がる。

例えば、宿舎をとってみよう。アメリカ陸海軍工兵隊ならば、本国で大量に造られたトタン製のカマボコ型の簡易宿舎を分解して運び込み、わずか二日で完成させるだろう。だが、日本軍ではとうていこのような真似はできない。建設地近くで木材を集め、粗末な小屋作りからはじめなくてはならない。もし近くに木材がなければ、いつまでもテント生活となる。

宿舎の居心地の如何で、将兵、特に航空機乗組員の疲労の程度は大きく異なる。これは目に見えにくいものではあるが、翌日の空中戦の結果に少なからず影響する。

第11章　トップマネジメントの資質

零戦とその出撃を見送る山本五十六

日下 決断者がよかったら誉め、悪かったら首にする

なんと言っても日本は昭和十二年から戦争をしていたから、実戦の経験では先進国だった。ドイツ、ソ連、イタリアもスペインで戦争をしていたから同様である。他の国は第一次大戦後は戦争をしていないから、特にアメリカなどはボーッとしていたと言えるだろう。

だが、いざ戦争が始まってしまうと、最初の半年はともかくアメリカはミスをしなくなる。これは戦争用にかき集めてくる技術や資源や製品がたくさんあることもあったが、みんなに自由に意見を言わせる土壌がよかったのだろう。言いたいことを言いあうなかで知恵が出てくるからだ。この部分は民主主義の力と言える。

日本や旧ソ連では、少数のエリートが「よく考えた上の結論だ、このとおりやれ」というが、これには穴が多い。大衆で議論した方がよっぽどいいアイデアが出てくるし、視点が多いので穴が少ない。だとしたら、エリートが持っている知識を大衆に教え、さあどうだと議論をさせれば一番いいに違いない。ところが彼らはエリートぶって教えない。けちなのだ。これが独裁体制の弱みである。

日本軍は八路軍（中国共産党の軍隊）と戦っていつも劣勢だった。なぜかというと、八路軍

は戦力では弱いから、逆に情報と討議を非常に大切にした。まず苦力《クーリー》（荷物を運搬する労働者）として日本軍に入り込んだりして情報を収集する。ある村に駐留する兵隊五〇人の名簿をとってきたりする。出身地まで書いてあるのだからよく調べ上げたもので、重要な情報になる。その他にも、あそこに日本のトーチカがあるとか、機関銃はどの方向に向いているとか、見張りの兵は二人で何時と何時に交代するとか、さまざまに調べあげて準備をする。

その上で、どうやって攻撃するかという討議を始める。それも、三〇人なら三〇人で一週間かけてあわてず議論する。上からもいつまでにとれという命令はこない。一カ月かけて調べ一週間かけて議論すると、僕がやる、という人物が必ず出てくる。僕が決死隊になるからみんなは後方から来てくれ。これは命令ではなく、完全に自発的なものだった。だから、兵力・装備では弱小軍隊なのに、コンスタントに戦果をあげていくことができた。

だが、日本の軍部では個人に配慮する悪弊が幅を利かせていた。例えばノモンハン事件のさい、充分な兵力を送らなかったのは、参謀の辻政信*が喜んで使ってしまうから、送らなければ辻政信もやめるだろうと考えたのだろう。つまり辻の顔をつぶさないように戦争をやめさせるひとつの作戦だった。

だったら辻政信をクビにすればいいではないかと思うだろうが、日本では人事に手をつけるのはよくよくのことになっている。人事に手をつけた当人は、そこで出世が止まることを覚悟しなければならない。山本五十六*があそこまで出世したのは人事を大切にした人だったからだ。東条英機が出世したのも仲間を幸福にしたからで、その代わりに、日本という国家を不幸にした。

そういう点からいうと、スターリンの方がましで、誰かがうまく入れ知恵をして誰それを変えろといったら、すぐに実行した。独ソ戦でドイツに不意打ちを食らったときは、直ちに連隊長を五〇人銃殺にして規律を立て直した。銃殺するメンバーは誰でもよかったらしい。どっちがよいかは善し悪しだが、とにもかくにもソ連軍は強かったのである。

イギリスなどでも、組織になんらかの問題があると指摘された場合、根本的な変革を試みる。人事について、どういう経歴の人をそこに置くか、それにどういう監督役をつけるかなどを真剣に考える。

言ってみれば、いまの行革にいうエージェント制であり、決断者が誰であるかがどこからも見えるようにしようというものだ。決断がよかったら担当者をうんと誉め、悪かったら首にする。いわば性悪説にたったシステムの方が、性善説にたつ和の経営よりいいのではないかという考えである。

私の考えを言えば、和の経営をしばらくやり、危機が迫ったり弊害が多ければ独裁者をつくってみる、独裁の弊害が多ければまた集団合議に移ってと、揺らいでいるのがいいと思う。組織のあり方を一つに決めようということ自体が間違いだと思う。

＊辻政信

陸軍軍人。ノモンハン事件を皮切りに太平洋戦争全般にわたり参謀畑を歩いた。政治好きでスタンド・プレイが多く、才能については多くの議論がある。戦後、国勢調査と称して混乱のラオスへ渡ったが、行方不明となり現在に至る。

＊山本五十六

開戦時の連合艦隊司令長官で大将、戦死後元帥。日露戦争に少尉として参加。航空機の将来性や威力を早くから見通し、緒戦でそれを発揮させた。しかし作戦の立案能力には疑問も残る。昭和十八年四月、南方を視察中に、米軍機に襲撃され戦死。

日下　短期決戦か持久戦かで設計が異なる

さて、当時の日本を支配していた思想について述べよう。零戦をはじめとする日本の戦闘機の悲劇も日本自体の悲劇も、すべてそこから始まっている。

そもそも日本が太平洋戦争についてどんな設計をたてていたかというと、実は艦隊決戦を一回だけやろうと考えていた。それも防御戦としてである。アメリカ軍が攻めてくるのを小笠原諸島で迎撃するという、いわば日露戦争の日本海海戦と同じことをもう一回やろうという考え方だった。なぜならば、艦隊決戦一回分しか国力がないことがはじめからわかっており、二回戦や三回戦が必要なら降参だ。そこで一回の決戦で決着をつけようとする。

そこで勝てれば軍人としては勝ちなのだ。日露戦争のときの日本海海戦が勝利したことの影響で、戦争のプロである軍人の間では、「桜の花は散り際が美しい」といった政治不在の艦隊決戦思想が自明のようになっていた。

山本五十六は開戦を支持したが、彼はアメリカで駐在武官をやった経験からその国力を知っており、日本が勝てると思っていたわけではないだろう。むしろ、負けると知っていたはずである。ただ、自分が作った海軍航空隊はいまが花だから、ひと花咲かせて全滅しようと思ったのではないだろうか。

航空隊も育ち、空母や零戦、中攻も揃いだしていた。特にパイロットの腕は世界最高レベルに達したと山本は考えた。となるとやはり、思い切り力を出してみたいと思う気持ちがあっただろう。山本は博打《ばくち》好きだったというから、そんな面も少しはあったかもしれない。

零戦の悲劇は、このような艦隊決戦思想をそのまま飛行機が引き継いでしまったことに起因する。

決戦思想は開発から終戦まで戦闘機を苦しめる。まず開発段階では、軍艦が単艦優秀主義で造られたのと同じように、飛行機も少数の優秀機を造る感覚で仕様が考えられた。すると舐めるようにさするように仕上げなければならず、量産が難しくなる。零戦の防弾装甲が弱かったのも、一回だけの突撃と考えればその場限りで飛行機を失ってもかまわないから、脆《ぜい》弱《じゃく》で耐久性がないのはあたりまえだ。さらに人材の育成についても、一回の決戦なら飛行機は三〇〇機もあれば充分、パイロットも三〇〇人いれば充分ということになる。

これらはすべて、そもそもの戦争計画が艦隊決戦思想だったからだ。長期反復継続の消耗戦争をする気がない。こんな面でも日本人はあっさりした国民で、長期持久戦を得意とする毛沢東とは正反対である。

だから本来なら政治家もまた、一回だけの決戦になるように状況を作り上げなければならないはずだった。三回も四回も決戦をしなければならないなら、さっさと降伏しなければいけなかった。

山本五十六の死が自殺かどうかはいまも論議を呼んでいるが、私は絶望して自殺したのだと思っている。ブーゲンビル島沖あたりを六機の護衛で飛ぶのはかなり危険だとわかっていたはずだし、出撃前に今村均*が「自分が行ったら敵戦闘機が現われた、おやめなさい」「護衛を三倍つけなさい」と言ったという話もある。それをあえて無視したのは、ちょうどいまが死に時と思ったのではないだろうか。「日本の工業力がこんなに貧弱だとは思わなかった。飛行機を次々と送ってくれないではないか」と嘆きの言葉を口にしたそうだが、これは無責任なぼやきである。

彼は、政治家があまりにも無能だったことにむかっ腹を立てていただろう。ならば、「半年や一年ならこらえて見せます。だが後は知りませんよ」が本音なのだと、開戦前に近衛文麿と虚心坦懐に話し合えばよかった。「たしかにアメリカは増長しているから一撃を加えるのは大変いいことだし、いまなら可能である。でもその後はどうするのですか」、こう単刀直入に言えばよかった。むろん「陸軍に笑われる」などと考えている政治不在・国家不在の海軍大臣は別にしてである。

長期戦になれば負けるのは自明だから、政治家である近衛は多分ドイツ期待論を答えるだろう。そうしたら今度は「ドイツ期待論だけでは駄目ですよ。止め役をちゃんと作ってください。ソ連とかイギリスとか止め役を作ってからなら、暴れることに意味がありますよ」と、こう言わなければいけない。

日露戦争でも、まず打撃を与え、後は交渉でアメリカが間に入ってうまくいっている。戦争前にイギリスとアメリカから多額の借金をしていたから、きっと止めてくれるという目算もあった。日本が敗戦国になれば借金が返してもらえなくなるから、絶対止め役に入ってくる。日露戦争で日本がそこまで計算したかどうかはわからないが、事実そのように決着した。

だから私なら、大東亜戦争をやるならアメリカからしこたま借金をして、敵はイギリスとオランダの二カ国、またはオランダだけにする。アメリカ人はかつて植民地支配をされたこともあって基本的にイギリスが嫌いだから、「イギリスをちょっといたぶるから、金を貸せ」と言えばいい。

そうすれば、借金を返済してもらうために必ず止め役を買って出てくれただろう。これが戦争設計学というものだ。私は戦争設計学入門として『人間はなぜ、戦争をするのか』（クレスト社）を書いたけれど、本当に日本海軍に花を咲かせようと思ったら、もとから考えなければいけない。

だが、実際にはそのような話し合いの場はなく、近衛はそこまで考えが及ぶ人物ではなかったから、山本も「これは駄目だ。もう後は死んでやれ」ということになってしまったのではないだろうか。

＊今村均

一八八六年生。陸軍大学校を首席で卒業。昭和十六年蘭印占領、十七年ラバウルの第八方面軍司令官となり守る。戦犯として禁固一〇年の判決を受け、パプアニューギニアで服役。上司に迎合せず、部下に高圧的にもならず、常勝だったため「ラバウルの大将」として知られる。

日下 トップは部下を信用できるか

山本五十六は、戦争をゲームのように遊んでいた面もあったと思う。国家をもてあそんでいた。その責任を感じて危険なブーゲンビル島視察をあえてしたのかもしれない。

ちなみに、源田実もまた、ロンドンで駐在武官をしている時期、女性の読者には失礼な記述になるが、毎日毎晩女性を買いまくっていたという。駐在武官用の機密費で遊んでいた。「天皇陛下のお陰でこれだけやらせてもらったのだから、お国のために死ななくてはいかん」と言ったというが、死なずに生き残り、戦後は参議院議員になった。彼が零戦に二一平方メートルの広い主翼を強制した責任者だと思うが、その責任はとっていない。

アメリカを主敵にするなら「大陸戦は即時打ち止め、これからは海洋戦だ」と主張すべきだったし、もしもイギリスとオランダを主敵にして石油確保の戦争として大陸戦を続けるならば、インドに攻め込めばよかった。インドを独立させればイギリスは戦いをやめただろう。そうなれば、アメリカだって参戦する理由はなくなる。

ハワイをターゲットから外してひたすらオランダ領とイギリス領を攻め、「これは植民地解放です、ルーズベルト大統領が大西洋憲章でおっしゃったことをそのとおりやっております」と言えばいい。フィリピンも満州も、それから韓国でも台湾でも、独立を問う国民投票をさせる。

満州国問題についても、国際法の手続きでは満州は独立したのであって、日本が植民地にしたのではない。満州人が自国を作ったのであって、日本はそれを援助した。かたちとしてはそうなっている。もともと中国と満州は千年ものあいだ別の国で、民族も違う。少数民族の満州人が大多数の漢民族を支配していたのが清であり、本拠地に引き返し自分の国を作ったのが満州だという主張だ。

国際連盟脱退の顛末も、松岡洋右は席を蹴って出ていったりしないで除名されるまでいればよかった。自分は何も悪いことはしていない、と居続ければ、日本の主張に傾く国がいただろう。昭和十四年のソ連・フィンランド戦争の時のことだが、ヨーロッパ各国はソ連を侵略者と非難し、フランスは明日にはソ連に宣戦布告をするという九月一日に、ヒットラーがポーランドに侵攻する。ヒットラーがもし一週間待っていたら、フランス・ソ連戦争が先に始まっていたということらしい。このあたりは歴史のおかしな一面である。

日本が満州のみに関わっていれば、中国政府も蒋介石も文句を言わなかっただろう。当時は帝国主義の時代だったから、あのくらいの独立はどの国も承知してくれたはずだ。すべてはその後の中国南下作戦がいけなかったので、これによって中国政府も全世界も態度を硬化させてしまった。

それにしても、ノモンハン事件の後、なぜ石原莞爾*と板垣征四郎*を厳罰に処さなかったのか。作戦は成功したとはいえ、みだりに兵を動かした罪は万死に値するはずだ。にもかかわらず、板垣も石原も栄転したものだから、後続が「僕もやる僕もやる」と言って真似をし始める。好き勝手に兵を動かしてもよいという前例を作ってしまったのは悪かった。

後輩が好き勝手に北支に進出しようとするのを石原は止めるけれど、「あんた何を言っているんですか」と逆にねじ込まれてしまった。石原がもし政治性のある人で真に国を思えば、「二人で引退しましょう」と板垣と刺し違えるべきだった。

満州事変が終わった段階で二人が身を引いて満州重工業か満鉄の役員にでもなっていれば、

その後の世界情勢はかなり違うものになっていただろう。ところが、石原も板垣も栄転し作戦部長と陸軍大臣になっているから、有象無象が「俺も俺も」とやるわけである。石原は「お前らみたいに頭の悪いやつが、準備もなく真似をするんじゃない」と言ったが通らなかった。

ともあれ、アメリカとソ連を相手に本当に戦争をする気なら、中国大陸からは兵を引き上げ、その予算でとにかく工作機械をもっと買っておくべきだった。それから石油を買っておけばよかった。さらに原爆を開発すれば良かったという話もできるが、それはともかく、そうすればもっとましな戦いができたはずである。

戦争末期になると、零戦は特攻機として出撃している。もっとも最後は水上機や練習機まで特攻に行ったのだから、零戦だからどうのという問題ではない。超旧式で複葉の九六式攻撃機は木製だからレーダーに写らなくていい、という話が沖縄戦であるほどだ。

特攻機で突っ込むのだから、飛行機はもちろん必ず人間も失われる。それでも敢行したのは兵隊を信用していないからだろう。「突っ込んで死ね」と言わない限り、兵は適当に攻撃したフリをして帰ってきてしまうと思ったに違いない。

日本軍は忠勇義烈の兵隊ばかりであるという建前があったが、実際には軍トップは兵隊をまったく信用していなかった。それを示す例はたくさんある。まず陸軍の玉砕命令というのがそうで、「死守すべし」と命令して、「無駄な抵抗を続けなくていい。自分の判断で降参しなさい」と言わないのは、そう言ったらどんどんやめてしまうと考えていたからだ。兵が本当に戦闘をやめるかどうかはわからないが、とにかく上部は兵が戦うことに自信がなかった。

特攻隊もそうだ。あれは誰が考えても、敵の上空にうまい具合に到着できたら爆弾を落として帰ればいいのである。そうすればまた出撃できる。それをしないところが兵隊不信の証拠である。

それは、もともと開戦目的や開戦経緯が公明正大ではないからである。支那事変が国民に支持されていないとわかっていたし、大東亜戦争にいたっては勝てばともかく負けるのでは説明がつかない。

日本国民は戦争嫌いであると思っているから、玉砕させる。日本人は平和主義で戦争に向いていないと知っているから、縛りつけて戦わせたのではないだろうか。にもかかわらず、みんな潔く、美しく戦って散っていたのである。

＊石原莞爾

明治二二年生。陸軍大学校卒。昭和三年関東軍主任参謀となり、満州事変、満州国創設、日本

の国際連盟脱退などを推進。東条英機との対立で昭和十六年第一六師団長を罷免され、戦時中右翼団体『東亜連盟』を指導。昭和二四年没。

＊板垣征四郎

明治十八年生。陸軍大学校卒。奉天特務機関長として、石原莞爾とともに満州事変をおこす。関東軍参謀長、師団長を歴任する一方で満州拓殖会社を設立、移民計画を推進。第一次近衛内閣・平沼内閣で陸軍大臣。A級戦犯として、昭和二三年絞首刑に処せられた。

エピローグ

日本の戦後は、焼き芋が食えたら御の字という焼け野原からの出発だった。軍需産業がストップして一時的に電気が余り、何かしようと硫酸アンモニアを作ることを考えつく。これは肥料として農家に安く回っていき、米がどっとできた。食料があるということは、それだけで希望となった。

その頃の日本人はもう必死で働いた。なぜなら、皆復員軍人で、会社にいるのは元中尉とか元一等兵とかばかりだから、「負けた。なにくそ」と思っている。アメリカ兵がわが物顔で町中を歩くのを見るにつけ、そう思う人が多かっただろう。将校クラスとなると大手企業のいい位置で働くことになるが、仲間が死んで自分が生き残っていること自体に負い目を感ずるから、少しでも豊かな日本を作ろう、そうでないと死んだ戦友に申し訳なくてたまらない、と一生懸命働いた。勇敢だった戦士たちに死にがいはあったのである。

倒産した北海道拓殖銀行を引き受けた北洋銀行の武井正直頭取は、陸軍航空士官学校出身だが、バブルで皆がウハウハと不動産に融資している時、そんなことに金を貸すべきでないとの判断を通した。戦争で仲間が死んで自分だけが生き残ってこうして仕事ができるのだから、そんな浮わついたことはしたくないと考え、勲章も辞退している。

そういう人は、ほかにもたくさんいる。ある時靖国神社が、ある銀行に対し経理課長をいただきたいと言った。いってみれば天下りだが、給料は相場の半分しか出ない。しかし、「私が行こう」と言ったのは、小生の知人の古川潔さんという人で、中国で長く戦い紙一重で助かったから、もしかすると自分も祀られる側にいたかもしれない、戦友の霊を祀る仕事をするのだから給料はいくら安くても結構です、と言って働いた。

生き残った財界人も、負い目があって、日本のことを真剣に考え、産業を盛んにしようとした。最初は石炭、それから鉄鋼、電力、そして海軍の遺産である造船業と海運などに、手腕を駆使して、ベストを尽くした。社長になった者は、銀行からの借入金の個人保証もした。現在の日本経済と日本社会はそれ全体が、全力を尽くして戦ったあの戦争の遺産であったといえる。

しかしその日本にも、成功してからは油断と腐敗がやってきた。いまがその総決算をするときである。

日下　公人

文庫版あとがきに代えて──華麗なる猛禽〝零戦〟追想

十二試（昭和十二年試製の意）艦上戦闘機という制式名を持った航空機が、同十四年四月一日、初めて地上を離れてからすでに六〇数年の歳月が急流の如く流れ去った。それにもかかわらず、いまだに多くの国民が、初飛行の翌年から零式一号艦上戦闘機と名を変えたこの戦闘機を鮮明に記憶している。

しかもこれは必ずしも日本人ばかりではなく、欧米でも〝ZERO〟を決して忘れない人々が確実に存在する。第二次世界大戦、あるいは太平洋戦争がすでに遠い過去の出来事とされているのとは逆に、ゼロ、ゼロ戦、零戦の名は一向に色褪せることはない。

なぜ東洋の小さな島国で生まれ、また戦争の道具であったこの小さな戦闘機が、これほど多くの人々の関心を今に至るも引きつけ続けるのであろうか。少々うがった見方をするならば、これは間違いなく文化人類学のテーマのひとつにもなり得る。

筆者もまた──あまりに通俗的とは思いつつも──すでに数十年にわたってこの戦闘機への想いを絶やすことはなかった。書斎にはゼロ戦関連の書籍が並び、書棚の上にはソリッドモデルが置かれている。それだけではなくアメリカ、イギリスはもちろんオーストラリア、中国まで、これを追いかけてGroupieを続ける有様である。

幸運にも、アメリカを中心に今もフライアブル（飛行可能）なゼロ戦が数機残されており、あるときはカリフォルニアの、またあるときはテキサスの大空を駆け抜ける姿に胸を躍らせたこともある。そしてこの天空の駿馬《しゅんめ》に向ける眼差《まなざ》しは、初めてこの航空機を知った日から今日まで全く変わっていない。

零戦という技術品になぜこれほどの魅力があるのか、という問いに関して、筆者の答は明確である。

●その、兵器という事実を忘れさせるほど優美な姿態と驚くほどの迅敏性
●姿の美しさとはかけ離れた、時には猛禽《もうきん》とも評すべき高い戦闘能力、そして実績
●大日本帝国の栄華と衰亡を、双翼に担った悲壮美

このように文字に置きかえてみれば、零戦が歴史上に登場する稀有《けう》な人物に匹敵することがわかろう。しかも、戦国時代の武将と異なり、闘った相手は世界最強のアメリカ、イギリス軍だったのである。決して長い期間ではなかったが、この日本人が誕生させ、日本人によって操られた零戦は、欧米列強の最新の戦闘機さえ撃破した事実を忘れるべきではない。

大仰ではあるが、二〇世紀の前半という時代を振り返るとき、この戦闘機こそ、日本人、

いやアジア人、それどころか有色人種が、白人国家に対抗し得るという唯一の事実の証明だったのかも知れない。人種や民族の問題を離れてさえ、この戦闘機はやはり欧米以外で生まれた最高の技術品と評価されるべきなのである。

これによって我国の技術者たちは、明治維新から七〇年を経て、その手腕がもっとも高い水準に到達したことを世界に示したという他はない。さらにこの戦闘機を操縦し、北はアリューシャン、南はオーストラリアまで、縦横に飛翔した男たちにも想いを馳せる必要がある。いかに優れた技術品であろうと、その能力を最大に引き出すだけの技量が伴わなければ、たんなる画餅《がへい》に終わってしまう。この点、零戦は非常に幸運な星の下に生まれた。設計の堀越二郎ら、運用の坂井三郎らを得て、持てる力を充分に発揮できたのだから。

近年、我国では誇り、プライドという言葉自体が死語になりつつあるように思える。そしてまたそれが、教養、知的水準が高い証拠と思い違いしている人々も多い。しかし欧米の航空関係者、空軍を震撼させたこの戦闘機と、J・ワット以来の鉄道技術に革命をもたらした〝新幹線〟に関するかぎり、我々は大きく胸を反らして良いのである。

本書はまさにその状況を追認するために著されたのであった。

さて、このあとがきの稿をお借りして、零戦に対する著者の強い想い入れを別の形で表現した出版物を紹介しておきたい。

企画から十数年、着手から丸四年の歳月を費やし、零戦の活躍と終焉《しゅうえん》をイラストでまとめた『ザ・サムライ——イラスト　坂井三郎空戦記録』を本書と同じ「ワック出版」から発行している。優美にして最強、あるいは華麗なる猛禽とも呼ぶべき、この戦闘機の姿を永遠に残したいと考え、世界で初めての、

〝一人のパイロットと一種の戦闘機〟

を追い続けたイラスト集である。

あらゆる面で最高の品質を追い求めた結果、気軽に購入できる価格の本ではないが、機会を見て上質紙の中で躍動する零戦の姿を見ていただきたいと痛感する。なぜなら、太平洋狭しとばかり大空を駆けたこの日本製の戦闘機が、必ず我々にある種の力を与えてくれると確信するからである。

三野　正洋

この作品は、一九九八年四月にワックより刊行された
『いま、「ゼロ戦」の読み方』を改題、改訂した。

日下　公人（くさか・きみんど）

評論家。日本財団特別顧問。三谷産業監査役。原子力安全システム研究所最高顧問。1930年、兵庫県生まれ。東京大学経済学部卒業。日本長期信用銀行取締役、ソフト化経済センター理事長、東京財団会長を経て現職。著書に『「質の経済」が始まった』『5年後こうなる』(PHP研究所)、『ゼロ戦でわかる失敗しない学』『よく考えてみると、日本の未来はこうなります。』『こんなにすごい日本人のちから』『中国の崩壊が始まった！』(ワック) など多数。

三野　正洋（みの・まさひろ）

軍事・現代史研究の泰斗。特に戦史、戦略戦術論、兵器の比較研究に独自の領域を切り拓いて知られる。1942年千葉県生まれ。日本大学生産工学部教養・基礎科学教室専任講師（物理）。著書に、立花隆氏も推奨したベストセラー『日本軍の小失敗の教訓』のほか、現代戦争史シリーズⅠ『日中戦争』、同Ⅱ『アフガニスタン戦争』(光人社)、『湾岸戦争　勝者の誤算』『図解　日本軍の小失敗の研究』『指揮官の決断』(ワック) など多数。

プロジェクト　ゼロ戦

2003年7月20日　初版発行
2012年11月4日　第3刷

著　者　日下　公人　三野　正洋

発行者　鈴木　隆一

発行所　ワック株式会社
東京都千代田区五番町4-5 五番町コスモビル　〒102-0076
電話　03-5226-7622
http://web-wac.co.jp/

印刷製本　図書印刷株式会社

ISBN978-4-89831-516-3

好評既刊

中国の崩壊が始まった！

日下公人・石平

B-084

中国共産党が瓦解する根拠とは？――経済失速、民族問題、環境汚染など、崩壊する理由が本書には満載。チベット騒乱は、中国激動の時代到来の序章にすぎない。

本体価格九三三円

こんなにすごい日本人のちから

日下公人

日本は思想戦に弱いが、それはインテリのことで、国民一般は多分世界最強ではないか、と語る著者。未来を見通す〝日下哲学〟のエッセンスが満載！

本体価格一四〇〇円

よく考えてみると、日本の未来はこうなります。

日下公人

日本は長い間、国際社会に合わせるべく自分を変える努力をしてきたが、むしろ現在は日本式の良さを世界に広めるほうが日本のためにも、世界のためにもなる！

本体価格一四〇〇円

http://web-wac.co.jp/

好評既刊

この厄介な国、中国［改訂版］
岡田英弘
B-083

膨張するいっぽうの経済・軍備――。この隣国とそれでも付き合うための知恵を、中国史、歴史学の泰斗が縦横無尽に語る。教科書では習わない〝仰天の中国〟が満載。本体価格九三三円

厄介な隣人、中国人
岡田英弘
B-082

中国は日本の隣に未来永劫存在し、日中関係は結局同じことを繰り返す。ならば、彼らの歴史をひもとき、中国とは、中国人とは、その真の姿を再確認する必要がある。本体価格九三三円

日本人のための歴史学
岡田英弘
B-063

日本人は米・英・独・仏のどの国民でもない。だから日本の「世界史」は、当然日本中心でなければならないはずだ。歴史学の泰斗が放つ本当の歴史の読み方！　本体価格九三三円

http://web-wac.co.jp/